高职高专土建类专业"十二五"规划教材

屋面及防水工程施工

主　编　张红兵　夏端林

副主编　张志俊　夏念恩
　　　　程志雄　王　健

WUHAN UNIVERSITY PRESS
武汉大学出版社

图书在版编目(CIP)数据

屋面及防水工程施工/张红兵,夏端林主编.—武汉:武汉大学出版社,
2013.6(2024.8重印)
高职高专土建类专业"十二五"规划教材
ISBN 978-7-307-10527-0

Ⅰ.屋…　Ⅱ.①张…　②夏…　Ⅲ.①屋顶—建筑防水—工程施工—高等
职业教育—教材　②建筑结构—建筑防水—工程施工—高等职业教育—教
材　Ⅳ.TU761.1

中国版本图书馆 CIP 数据核字(2013)第 039121 号

责任编辑:胡　艳　　　责任校对:刘　欣　　　版式设计:马　佳

出版发行:**武汉大学出版社**　　(430072　武昌　珞珈山)
　　　　　(电子邮箱:cbs22@whu.edu.cn 网址:www.wdp.com.cn)
印刷:湖北云景数字印刷有限公司
开本:787×1092　1/16　　印张:10.25　　字数:246 千字　　插页:1
版次:2013 年 6 月第 1 版　　2024 年 8 月第 4 次印刷
ISBN 978-7-307-10527-0/TU·120　　定价:25.00 元

前　　言

本教材是根据教育部《高等职业教育技能型紧缺人才培养培训指导方案》中的专业教育标准、培养方案及主干课程教学基本要求，以重视培养实践动手能力和职业技能为宗旨，并按照国家现行的相关规范和标准编写而成的。

近年来，防水新材料、新技术、新施工工艺的不断更新，对防水工的整体素质提出了更高的要求，建筑防水工程技术水平成为制约企业产品质量、经济效益和发展速度的重要要素之一。编写本书过程中，编者结合长期教学与工程施工经验，以培养建筑类高端技术应用性人才为主线，以防水工为技术岗位，以基本理论结合"必需、够用、零距离"为度，整个内容强调实践能力和综合应用能力的培养，以面向生产第一线的高端应用性人才培养为目的，教材、实训任务均具有普遍性及实用性。

本教材主要介绍屋面防水工程、地下防水工程、厕浴间防水工程等防水形式，以及施工准备、材料要求、施工工艺、质量检验及工程验收等，既可作为高职高专建筑工程技术等专业的教材，也可供防水工人技能培训和技能鉴定使用。

本教材由湖北黄冈职业技术学院张红兵、夏端林主编。参加编写工作人员有黄冈职业技术学院张志俊、夏念恩、程志雄、王健等副主编同志。限于编者的理论水平及实践经验，加之时间仓促，本教材不足之处在所难免，恳请广大读者及同行专家提出宝贵意见和建议。

编者

2015 年 1 月

目　　录

学习情境一 建筑防水工程施工基础知识

☞ **教学目标**

1. 了解新型防水材料及发展
2. 了解防水工程施工发展及新技术
3. 了解防水工程的重要性
4. 掌握防水工的职业要求
5. 熟悉常用施工工具

☞ **案例引导**

2001 年，某建安防腐公司在对某汽修厂维修综合楼进行屋顶消防水箱涂刷防水涂料施工时，2 名工人在作业时中毒，其中 1 人因抢救无效死亡。事故经过如下：

2001 年 3 月 9 日 10 时 25 分，某汽修厂维修综合楼需要进行屋顶消防水箱涂刷防水涂料，这项工程由某建安防腐公司承担。消防水箱长 6.6m、宽 4m、高 1.1m，为钢筋混凝土结构，顶部有一个直径为 0.73m 的洞口。建安防腐公司按计划派出施工人员进行涂刷作业，作业前没有对消防水箱进行通风，也没有技术人员交代注意事项。涂刷作业时，2 名工人佩戴活性炭滤毒罐过滤式防毒面具进入水箱内作业，外面有 2 名工人负责监护。工人李某、王某先后进入消防水箱内刷环氧树脂涂料，5 分钟后，王某感到胸部憋闷，喘不上气，手脚无力，要求救护，监护人员急忙将他救出，随后又将李某救出。李某被救出后昏迷不醒，接着被送到附近医院抢救，经抢救无效死亡。经法医鉴定为苯中毒死亡。

☞ **原因分析**

事故现场勘查发现，消防水箱设在综合楼顶一单建房内，消防水箱洞口处无机械通风设施，涂刷作业使用的稀料桶上无标牌、无生产厂家，使用的防护用品为带活性炭滤毒罐过滤式防毒面具。对稀料桶中气体进行气相色谱实验分析：苯含量 71%，甲苯含量 26%，二甲苯含量 3%，此稀料中苯为主要成分。气体中苯的浓度超过国家卫生标准（短时间接触容许浓度）5778.2 倍，甲苯浓度超过国家卫生标准（短时间接触容许浓度）210 倍，二甲苯浓度超过国家卫生标准（短时间接触容许浓度）21.69 倍。

这起急性中毒死亡事故的主要原因是由于涂料中含有高浓度的苯系物质等易燃易爆、有毒、易挥发的有机溶剂。根据科学数据，当空气中的苯浓度达到一定量时，人体接触30 分钟便可致急性中毒；当空气中的苯浓度严重超标时，人体接触 5~10 分钟便可致命。当空气中的苯浓度达到 1.2% 以上时，遇明火便可发生燃爆事故。

苯为极度危害性毒物，国家标准中明确规定"禁止使用含苯的涂料、稀释剂和溶剂"。苯、甲苯、二甲苯均为易挥发性物质，在进行含有苯、甲苯、二甲苯等易挥发性物质的挥发性涂料溶剂的涂刷作业时，约60%~80%的溶剂在涂刷过程最初5分钟之内挥发出来。高浓度苯可使人中枢神经系统麻痹，因呼吸中枢麻痹而死亡。这起事故的发生有两个方面的原因，一是涂刷作业使用的稀释剂不合格；二是涂刷作业时违反国家有关规定，作业场所无机械通风设施，作业中挥发出的大量有毒气体不能排出，造成作业人员的急性苯中毒死亡。当空气中毒物浓度达2%时，活性炭滤料瞬间即失效，失去防毒作用，该作业场所不应使用过滤式防毒面具，应使用隔离式（供气式）防毒面具。这也是为什么虽然佩戴了防毒面具却不防毒的原因。

☞ 任务描述

1. 工作任务

在某职业院校防水施工实训室里堆放多种防水材料，现场要求学生能识别不同的防水材料，并要求学生能够说出不同防水材料的品种规格、等级要求、适用范围等。

2. 作业条件

（1）规范图集资料：《屋面工程质量验收规范》（GB50207—2002）、《屋面工程技术规范》（GB50207—2002）、《建筑施工手册》（第四版）、《建筑工程施工质量验收统一标准》（GB50300—2001）、《建筑防水施工手册》（俞宾辉编）、《防水工升级考核试题集》（雍传德编）、《进城务工实用知识与技能丛书：防水工》（重庆大学出版社）。

（2）机具：高压吹风机、小平铲、扫帚、钢丝刷、铁桶、木棒、长把滚刷、油漆刷、裁剪刀、壁纸刀、盒尺、卷尺、单筒及双筒热熔喷枪、移动式热熔喷枪、喷灯、铁抹子、干粉灭火器、手推车。

（3）常见鉴别方法：

①看卷材外观，可归纳为"五看"：一看表面是否美观、平整，有无气泡、麻坑等；二看卷材厚度是否均匀一致；三看胎体位置是否居中，有无未被浸透的现象（常说的露白茬）；四看断面油质光亮度；五看覆面材料是否粘接牢固。这几方面大体反映出卷材生产的过程控制是否可靠。

②涂料可先看颜色是否纯正、有无沉淀物等，然后将其样片放入杯中加入清水浸泡，观察几天，看看水是否变混浊，有无溶胀现象，有无乳液析出，再取出样片，观察拉伸时是否变糟变软，如是，则说明这样的材料长期处于泡水的环境是非常不利的，不能保证防水质量。

③用手工方法摸、折、烤、撕、拉等，以手感来判断材料的档次，如SBS改性沥青卷材，手感柔软，有橡胶的弹性；断面的沥青涂盖层可拉出较长的细丝；反复弯折其折痕处没有裂纹；施工中无收缩变形，无气泡出现；热熔烘烤时，出油均匀。

☞ 知识链接

项目一 建筑防水工程施工的发展及施工新技术

一、材料发展

建筑工程防水是建筑产品的一项重要功能，关系到建筑物的使用价值、使用条件及卫生条件，影响到人们的生产活动、工作生活质量，对保证工程质量具有重要的作用。随着社会生活条件的不断改善，人们越来越重视自己的生活质量，防水条件要求不断提高。近年来，伴随着社会科技的发展，我国建筑防水材料已从单一的石油沥青纸胎油毡过渡到纸胎油毡、改性沥青卷材、高分子防水卷材、建筑防水涂料、建筑密封材料、刚性防水和堵漏材料等，包括高、中、低档，品种和功能比较齐全的防水体系。新型防水材料及其应用技术发展迅速，并朝着由多层向单层、由热施工向冷施工的方向发展。面对科学技术的不断进步与更新，掌握防水工程的施工准备及质量问题显得尤为重要，对以后建筑工程的发展具有重大的意义。

　　建筑物和构筑物的防水是依靠具有防水性能的材料来实现的，防水材料质量的优劣直接关系到防水层的耐久年限。防水工程的质量在很大程度上取决于防水材料的性能和质量，可以说材料是防水工程的基础。我们在进行防水工程施工时，所采用的防水材料必须符合国家或行业的材料质量标准，并应满足设计要求。

　　当前，我国生产的建筑防水材料门类齐全、品种规格繁多，可分成如下六大类产品：沥青防水卷材、高聚物改性沥青防水卷材、合成高分子防水卷材、建筑防水涂料、建筑防水密封材料（包括堵漏止水材料）、刚性防水材料（主要用于混凝土防水和砂浆防水），其中，高聚物改性沥青防水卷材是传统的沥青防水卷材的更新换代产品。这六大类产品初步形成了门类齐全、品种配套、结构合理的防水材料生产与应用体系。

二、常见防水材料

（一）建筑防水材料的种类

　　防水材料是保证房屋建筑能够防止雨水、地下水和其他水分渗透，保证建筑物能够正常使用的一类建筑材料，是建筑工程中不可缺少的主要建筑材料之一。防水材料质量对建筑物的正常使用寿命起着举足轻重的作用。近年来，防水材料突破了传统的沥青防水材料，改性沥青油毡迅速发展，高分子防水材料使用也越来越多，且生产技术不断改进，新品种新材料层出不穷。防水层的构造也由多层向单层发展，施工方法也由热熔法发展到冷粘法。

　　防水材料按其特性可分为柔性防水材料和刚性防水材料，见表1-1。

表 1-1　　　　　　　　　　　　**常用防水材料的分类和主要应用**

类别	品种	主要应用
刚性防水	防水砂浆	屋面及地下防水工程。不宜用于有变形的部位
	防水混凝土	屋面、蓄水池、地下工程、隧道等
沥青基防水材料	纸胎石油沥青油毡	地下、屋面等防水工程
	玻璃布胎沥青油毡	地下、屋面等防水防腐工程
	沥青再生橡胶防水卷材	屋面、地下室等防水工程，特别适合寒冷地区或有较大变形的部位
改性沥青基防水卷材	APP 改性沥青防水卷材	屋面、地下室等各种防水工程
	SBS 改性沥青防水卷材	屋面、地下室等各种防水工程，特别适合寒冷地区

类别	品种	主要应用
合成高分子防水卷材	三元乙丙橡胶防水卷材	屋面、地下室水池等各种防水工程，特别适合严寒地区或有较大变形的部位
	聚氯乙烯防水卷材	屋面、地下室等各种防水工程，特别适合较大变形的部位
	聚乙烯防水卷材	屋面、地下室等各种防水工程，特别适合严寒地区或有较大变形的部位
	氯化聚乙烯防水卷材	屋面、地下室、水池等各种防水工程，特别适合有较大变形的部位
	氯化聚乙烯-橡胶共混防水卷材	屋面、地下室、水池等各种防水工程，特别适合严寒地区或有较大变形的部位
粘结及密封材料	沥青胶	粘贴沥青油毡
	建筑防水沥青嵌缝油膏	屋面、墙面、沟、槽、小变形缝等的防水密封。重要工程不宜使用
	冷底子油	防水工程的最底层
	乳化石油沥青	代替冷底子油、粘贴玻璃布、拌制沥青砂浆或沥青混凝土
	聚氯乙烯防水接缝材料	屋面、墙面、水渠等的缝隙
	丙烯酸酯密封材料	墙面、屋面、门窗等的防水接缝工程。不宜用于经常被水浸泡的工程
	聚氨酯密封材料	各类防水接缝。特别是受疲劳荷载作用或接缝处变形大的部位，如建筑物、公路、桥梁等的伸缩缝
	聚硫橡胶密封材料	各类防水接缝。特别是受疲劳荷载作用或接缝处变形大的部位，如建筑物、公路、桥梁等的伸缩缝

（二）防水卷材

防水卷材是一种可卷曲的片状防水材料。根据其主要防水组成材料，可分为沥青防水卷材、高聚物改性沥青防水卷材和合成高分子防水卷材三大类。沥青防水卷材是传统的防水材料，但因其性能远不及改性沥青，因此逐渐被改性沥青卷材所代替。

高聚物改性沥青防水卷材和合成高分子防水卷材均应有良好的耐水性、温度稳定性和大气稳定性（抗老化性），并应具备必要的机械强度、延伸性、柔韧性和抗断裂的能力。这两大类防水卷材已得到广泛的应用。

1. 沥青防水卷材

沥青防水卷材是在基胎（如原纸、纤维织物等）上浸涂沥青后，再在表面撒粉状或片状的隔离材料而制成的可卷曲的片状防水材料。

（1）石油沥青纸胎油毡。这是采用低软化点石油沥青浸渍原纸，然后用高软化点沥青涂盖油纸的两面，再涂或撒隔离材料（石粉或云母片）所制成的一种纸胎防水卷材。

①等级。纸胎石油沥青防水卷材按浸涂材料总量和物理性能，可分为合格品、一等品、优等品三个等级。

②品种规格。石油沥青纸胎油毡的幅宽有915mm和1000mm两种，每卷的总面积为$20 \pm 0.3 m^2$。

③适用范围。200号卷材适用于简易防水、非永久性建筑防水；350号和500号卷材适用于屋面、地下多叠层防水。

（2）石油沥青玻璃布油毡。它是采用玻纤布为胎体，浸涂石油沥青，并在其表面涂或撒布矿物隔离材料制成的可卷曲的片状防水材料。

①等级。玻璃布油毡按可溶物含量及其物理性能，可分为一等品（B）和合格品（C）两个等级。

②规格。石油沥青玻璃布胎油毡的幅宽有915mm和1000mm两种，每卷的总面积为$20 \pm 0.3 m^2$。

③适用范围。玻璃布胎油毡可用于地下工程防水和防腐、屋面工程防水、非热力住宅管道的防腐保护层。

（3）石油沥青纤维胎油毡。它是采用玻璃纤维薄毡为胎体，浸涂石油沥青，并在其表面涂撒矿物粉料或覆盖聚乙烯膜等隔离材料而制成可卷曲的片状防水材料。

①等级。玻纤胎油毡按溶物含量及其物理性能，可分为优等品（A）、一等品（B）、合格品（C）三个等级。

②品种规格。玻纤油毡命名的标号，共有15、25、35号三个标号，每卷玻纤油毡的面积：15号为$20 \pm 0.3 m^2$，25号和35号为$10 \pm 0.15 m^2$。

③适用范围。玻纤油毡适用于铺设一般工业与民用建筑的屋面和地下防水、防腐，主要用于多叠层复合防水系统，也可做非热力管道飞防腐保护层。15号和25号适用于多层防水的底层；25号和35号砂面玻纤油毡适用于防水层的面层；35号适用于单层防水。

2. 改性沥青防水卷材

以合成高分子聚合物改性沥青为涂盖层，以纤维毡、纤维织物或塑料薄膜为胎体，以粉状、粒状、片状或塑料膜为覆面材料制成可卷曲的片状防水材料，称为高聚物改性沥青防水卷材。

（1）弹性体改性沥青防水卷材（SBS卷材）。它是SBS热塑性弹性体作改性剂，以聚酯毡或玻纤毡为胎基，两面覆盖以聚乙烯膜（PE）、细砂（S）、粉料或矿物粒（片）料（M）制成的卷材，简称SBS卷材，是大力推广使用的防水卷材品种。

①等级。产品按可溶物含量及其物理性能分为优等品（A）、一等品（B）、合格品（C）三个等级。

②规格。卷材幅宽为1000mm这一种规格。

③品种。卷材使用玻纤胎或聚酯无纺布胎两种胎体，使用矿物粒（如板岩片）、砂粒（河砂或彩砂）以及聚乙烯等三种表面材料，共形成6个品种，即G-M，G-S，G-PE，PY-M，PY-S，PY-PE，见表1-2。

卷材按不同胎基、不同上表面材料，分为六个品种，见表1-2。

表1-2　　　　　　　　　　　**SBS卷材品种（GB18242—2000）**

上表面材料＼胎基	聚酯胎	玻纤胎
聚乙烯膜	PY-PE	G-PE
细砂	PY-S	G-S
矿物粒（片）料	PY-M	G-M

以10㎡卷材的标称重量作为卷材的标号。玻纤毡胎的卷材分为25号、35号和45号三种标号；聚酯无纺布胎的卷材分为25号、35号、45号和55号四种标号。

④适用范围。该卷材最适用于以下工程：工业与民用建筑的常规及特殊屋面防水，工业与民用建筑的地下工程的防水、防潮及室内游泳池等的防水，尤其适用于较低温环境和结构变形复杂的建筑防水工程。其物理力学性能应符合表1-3规定。

表1-3　　　　　　　　　　**SBS卷材物理力学性能（GB18242—2000）**

序号	胎基		PY		G	
	型号		I	II	I	II
1	可溶物含量（g/m²），≥	2mm	–		1300	
		3mm	2100			
		4mm	2900			
2	不透水性	压力（MPa），≥	0.3		0.2	0.3
		保持时间（min），≥	30			
3	耐热度（℃）		90	105	90	105
			无滑动、流淌、滴落			
4	拉力（N/50mm），≥	纵向	450	800	350	500
		横向			250	300
5	最大拉力时延伸率（%），≥	纵向	30	40	–	
		横向				
6	低温柔度（℃）		−18	−25	−18	−25
			无裂纹			
7	撕裂强度（N），≥	纵向	250	350	250	350
		横向			170	200

续表

序号	胎基		PY		G	
	型号		Ⅰ	Ⅱ	Ⅰ	Ⅱ
8	人工气候加速老化	外观	1 级			
			无滑动、流淌、滴落			
		拉力保持率（%），≥	80			
		低温柔度（℃）	−10	−20	−10	−20
			无裂纹			

注：表中 1~6 项为强制项目。

    （2）塑性体改性沥青防水卷材（APP 卷材）。它属塑性体沥青防水卷材，是采用纤维毡或纤维织物为胎体，浸涂 APP 改性沥青，上表面撒布矿物粒、片料或覆盖聚乙烯膜，下表面撒布细砂或覆盖聚乙烯膜所制成的可卷曲片状防水材料。其物理力学性能应符合表 1-4 的规定。

表 1-4   **APP 卷材物理力学性能（GB18243—2000）**

序号	胎基			PY		G	
	型号			Ⅰ	Ⅱ	Ⅰ	Ⅱ
1	可溶物含量（g/m²），≥		2mm	−		1300	
			3mm	2100			
			4mm	2900			
2	不透水性	压力（MPa），≥		0.3		0.2	0.3
		保持时间（min），≥		30			
3	耐热度（℃）			110	130	110	130
				无滑动、流淌、滴落			
4	拉力（N/50mm），≥	纵向		450	800	350	500
		横向				250	300
5	最大拉力时延伸率（%），≥	纵向		25	40	−	
		横向					
6	低温柔度（℃）			−5	−15	−5	−15
				无裂纹			
7	撕裂强度（N），≥	纵向		250	350	250	350
		横向				170	200

续表

序号	胎基			PY		G	
	型号			Ⅰ	Ⅱ	Ⅰ	Ⅱ
8	人工气候加速老化	外观		1级			
				无滑动、流淌、滴落			
		拉力保持率（%），≥	纵向	80			
		低温柔度（℃）		3	−10	3	−10
				无裂纹			

注：①当需要耐热度超过 130℃ 卷材时，该指标可由供需双方协商确定；
②表中 1~6 项为强制性项目。

①等级。该产品按可溶物和物理性能分为优等品（A）、一等品（B）、合格品（C）三个等级。

②品种规格。卷材使用玻纤毡胎、麻布胎或聚酯无纺布胎三种胎体，形成三个品种；卷材幅宽为 1000mm 一种规格。

③标号。以 10 ㎡ 卷材的标称重量作为卷材的标号。玻纤毡胎的卷材分为 25 号、35 号和 45 号三种标号；麻布胎和聚酯无纺布胎的卷材分为 35 号、45 号和 55 号三种标号。

④适用范围。APP 改性沥青防水卷材具有功能性，适用于新、旧建筑工程，腐殖质土下防水层，碎石下防水层，地下墙防水等；广泛用于工业与民用建筑的屋面和地下防水工程，以及道路、桥梁建筑的防水工程，尤其适用于较高气温环境和高湿地区建筑工程防水。

3. 合成高分子防水卷材

合成高分子防水卷材具有拉伸强度高、断裂伸长率大、抗撕裂强度高、耐热性能好、低温柔性好、耐腐蚀、耐老化以及可以冷施工等优越性能，经工厂机械化加工，厚度和质量保证率高，可采用冷粘铺贴、焊接、机械固定等工艺加工。

（1）三元乙丙橡胶（EPDM）防水卷材。它是以三元乙丙橡胶或掺入适量丁基橡胶为基料，加入各种添加剂而制成的高弹性防水卷材。

①品种及规格。三元乙丙橡胶防水卷材厚度规格有 1.0mm、1.2mm、1.5mm、1.8mm、2.0mm 五种。宽度有 1.0m、1.1m 和 1.2m 三种，每卷长度为 20m 以上。

②适用范围。该卷材适用于各种工业、民用建筑新建或翻修建筑物、构筑物外露或有保护层的工程防水，以及地下室、隧道、水库、水池、堤坝等土木建筑工程防水。其物理性能应符合 1-5 表的要求。

（2）聚氯乙烯（PVC）防水卷材。它是以聚氯乙烯树脂（PVC）为主要原料，掺入适量的改性剂、抗氧剂、紫外线吸收剂、着色剂、填充剂等，经捏合、塑化、挤出压延、整形、冷却、检验、分卷、包装等工序加工制成可卷曲的片状防水材料。

①品种及规格。PVC 卷材宽度有 1.0m、1.2m、1.5m、2.0m 四种；厚度有 0.5mm、1.0mm、1.2mm、1.5mm、1.8mm、2.0mm 六种；长度为 20m 以上。

表 1-5 三元乙丙橡胶防水卷材的物理性能

项目		指标	
		一等品	合格品
拉伸强度，常温（7N/mm²），≥		8	7
扯断伸长率（%），≥		450	
直角形撕裂强度，常温（N/cm²），≥		280	245
不透水性	0.3N/mm²×30min	合格	—
	0.1N/mm²×30min	—	合格
脆性温度（℃），≤		−45	−40
热老化（80℃×168h），伸长率100%		无裂纹	

②适用范围。聚氯乙烯防水卷材适用于屋面、地下室以及水坝、水渠等工程防水。其物理力学性能应符合表 1-6 的规定。

表 1-6 聚氯乙烯防水卷材的主要物理力学性能

项目	性 能 指 标		
	优等品	一等品	合格品
拉伸强度（MPa）不小于	15.0	10.0	7.0
断裂伸长率（%）不小于	250	200	150
热处理尺寸变化率（%）不大于	2.0	2.0	3.0
低温弯折性	−20℃，无裂纹		
抗渗透性	0.3MPa，30min，不透水		
粘结剥离强度，不小于	2.0N/mm		
热老化保持率	拉伸强度，不小于80%		
（80±2℃，168h）	断裂伸长率，不小于80%		

（3）氯化聚乙烯-橡胶共混防水卷材。它是以氯化聚乙烯树脂和丁苯橡胶的混合体为基料，加入各种添加剂加工而成，简称共混卷材。

①品种及规格。其卷材的厚度有 1.0mm、1.2mm、1.5mm、1.8mm、2.0mm 五种，宽度有 1.0m、1.2m 两种，每卷长度不小于 20m。

②适用范围。该卷料适用于屋面的外露和非外露防水工程，地下室防水工程、水池、土木建筑的防水工程等。其物理性能要求见表 1-7。

表 1-7 　　　　　　　　　　　　　合成高分子防水卷材的物理性能

项目		性能要求		
		Ⅰ	Ⅱ	Ⅲ
拉伸强度（MPa），≥		7	2	9
断裂伸长率（%），≥		450	100	10
低温弯折性		−40℃	−20℃	−20℃
		无 裂 纹		
不透水性	压力（MPa），≥	0.3	0.2	0.3
	保持时间（min），≥	30		
热老化保持率（80℃±2℃，168h）	拉伸强度（%），≥	80		
	断裂伸长率（%），≥	70		

注：Ⅰ类指弹性体卷材；Ⅱ类指塑性体卷材；Ⅲ类指加合成纤维的卷材。

（三）防水涂料

防水涂料是以高分子合成材料、沥青等为主体，在常温下呈无定型流态或半流态，经涂布能在结构物表面结成坚韧防水膜的物料的总称。

1. 水乳型再生橡胶沥青防水涂料

水乳型再生橡胶沥青防水涂料由阴离子型再生胶乳和沥青乳液混合构成，是再生橡胶和石油沥青的微粒借助于阴离子型表面活性剂的作用，稳定分散在水中而形成的一种乳状液。

（1）技术性能。水乳型再生橡胶沥青防水涂料技术性能见表 1-8。

表 1-8 　　　　　　　　　　　　水乳型再生橡胶沥青防水涂料技术性能

序号	项　目	性能指标
1	外观	黏稠黑色胶液
2	含固量	≥45%
3	耐热性（80℃，恒温5h）	0.2～0.4MPa
4	粘结力（8字模法）	≥0.2MPa
5	低温柔韧性（−10～−28℃，绕φ1mm及φ10mm轴棒弯曲）	无裂缝
6	不透水性（动水压0.1MPa，0.5h）	不透水
7	耐碱性（饱和氢氧化钙溶液中浸15d）	表面无变化
8	耐裂性（基层裂缝4mm）	涂膜不裂

（2）适用范围。水乳型再生橡胶沥青防水涂料适用于工业及民用建筑非保温屋面防水；楼层厕浴、厨房间防水；地下混凝土建筑防潮，旧油毡屋面翻修和刚性自防水屋面翻修。

2. 水乳型氯丁橡胶沥青防水涂料

水乳型氯丁橡胶沥青防水涂料又名氯丁胶乳沥青防水涂料，目前国内多是阳离子水乳型产品。它兼有橡胶和沥青的双重优点，与溶剂型同类涂料相比，两者的主要成膜物质均为氯丁橡胶和石油沥青，其良好性能相仿，但阳离子水乳型氯丁橡胶沥青防水涂料以水代替了甲苯等有机溶剂，其成本降低，且具有无毒、无燃爆和施工时无环境污染等特点。

（1）技术性能。水乳型氯丁橡胶沥青防水涂料技术性能见表1-9。

表1-9　　　　　　　水乳型氯丁橡胶沥青防水涂料技术性能

序号	项目		性能指标
1	外观		深棕色胶状液
2	黏度（Pa·s）		0.25
3	含固量		≥45%
4	耐热性（80℃，恒温5h）		无变化
5	粘结力		≥0.2MPa
6	低温柔韧性（动水压0.1~0.2MPa，5h）		不断裂
7	不透水性（动水压0.1~0.2MPa，0.5h）		不透水
8	耐碱性（饱和氢氧化钙溶液中浸15d）		表面无变化
9	耐裂性（基层裂缝宽度≤2mm）		涂膜不裂
10	涂膜干燥时间（h）	表干	≤4
		实干	≤24

（2）适用范围。水乳型氯丁橡胶沥青防水涂料适用于工业及民用建筑混凝土屋面防水；用于地下混凝土工程防潮抗渗，沼气池防漏气；厕所、厨房及室内地面防水；旧屋面防水工程的翻修；可作为防腐蚀地坪的防水隔离层。

3. 硅橡胶防水涂料

硅橡胶防水涂料是以硅橡胶乳液及其他乳液的复合物为主要基料，掺加合成橡胶乳液改性剂、表面活性剂、增塑剂、成膜助剂、防霉剂、颜料及填料而成的一种水乳型、无毒、无味、无污染的单组分建筑防水涂料。

（1）主要技术性能。硅橡胶防水涂料技术性能见表1-10。

表1-10　　　　　　　　硅橡胶防水涂料技术性能

序号	项目	性能指标
1	ph值	8
2	表干时间	<45min
3	黏度	1号：1'08"，2号：3'54"
4	抗渗性	迎水面1.1~1.5N/mm²，恒压一周无变化，背水面0.3~0.5MPa

序号	项目	性能指标
5	渗透性	可渗入基底 0.3mm 左右
6	抗裂性	4.5~6mm（涂膜厚 0.4~0.5mm）
7	延伸率	640~1000%
8	低温柔性	−30℃冰冻 10d 后绕 φ3mm 棒不裂
9	扯断强度	2.2MPa
10	直角撕裂强度	81N/cm²
11	粘结强度	0.57MPa
12	耐热	100±1℃ 6h 不起鼓、不脱落
13	耐碱	饱和氢氧化钙和 0.1 氢氧化钠混合液室温 15℃浸泡 15d，不起鼓、不脱落
14	耐湿热	在相对湿度>95%，温度 50±2℃ 168h，不起鼓、起皱、无脱落，延伸率仍保持在 70%以上
15	吸水率	100℃，5h 空白 9.08% 试样 1.92%
16	回弹率	>85%
17	耐老化	人工老化 168h，不起鼓、不起皱、无脱落，延伸率仍达在 530%以上

（2）适用范围。硅橡胶防水涂料适用于新旧建筑物及构筑物的屋面、墙面、室内、卫生间等工程，以及非长期浸水环境下的地下工程、隧道、桥梁等防水工程。

三、防水工程新型施工新技术

随着改革开放进一步深入，不断引进新材料、新技术、新机具，防水设计与施工技术都发生了较多变化，防水工程建立"主导防水材料及应用技术系统"、"分部分项工程承包一体化"的市场经济模式已逐渐被众多企业所接受与推行，对推动防水工程发展新型施工技术发挥了重要作用。当前，采用机械化施工和新型施工技术具有突破性的技术系统有：

（1）高聚物改性沥青卷材防水系统：多喷头机具热熔施工法、屋面单层改性沥青卷材机械固定施工法。

（2）单层高分子防水卷材屋面技术系统：接缝自动（手持）焊机电热焊接法、专用螺钉机械固定施工法、无穿孔机械固定施工法。

（3）硬泡聚氨酯防水保温一体化技术系统：专用喷涂机具及施工工艺。

（4）聚脲弹性体喷涂技术系统：专用喷涂设备及施工工艺。

（5）地下工程注浆防水（堵漏）成套技术系统高压灌注设备系列及喷射注浆工艺。

（6）高聚物改性沥青防水卷材路桥施工全自动化铺设系统。

（7）自粘类防水卷材预铺、湿铺技术。

随着我国建材工业和建筑科技的快速发展，目前，防水材料已由少数品种发展形成了多门类、多品种，高聚物改性沥青材料、合成高分子材料、防水混凝土、聚合物水泥砂浆、水泥基防水涂层材料以及各种堵漏、止水材料等已在各类防水工程中得到广泛应用。防水设计和施工遵循"因地制宜、按需选材、防排结合、综合治理"的原则，采用"防、排、截、堵相结合，刚柔相济，嵌涂合一，复合防水，多道设防"的技术措施，我国的建筑防水技术已日趋成熟，获得令人瞩目的进步，基本适应各类新型防水材料做法的需要，并能规范化作业。

四、建（构）筑物防水工程的作用

防水工程是指为防止雨水、地下水、滞水以及人为因素引起的水文地质改变而产生的水渗入建（构）筑物或防水蓄水工程向外渗漏所采取的一系列结构、构造措施；要保证防水工程的质量，除了要求设计合理、选材适当以外，施工质量是关键。作为施工的直接操作者，防水操作技能的高低、能否执行正确的操作工艺，成为重中之重；而建筑材料和构造上所采取的措施，保证了建筑物一些部位免受水的侵入和不出现渗漏水现象，保护建筑物具有良好、安全的使用环境、使用条件和使用年限。建（构）筑物需要进行防水处理的部位主要包括：屋面、外墙面、窗户、厕浴间与厨房的楼地面和地下室等。这些部位是否出现渗漏与其所处的环境与条件有关，因而出现渗漏的程度也不尽相同。从渗漏的程度区分，"渗"指压力水沿着建筑物毛细孔的侵入，出现水印或处于潮湿状态；"漏"指水沿着建筑物的某些部位的裂缝或孔洞大量流入，甚至出现冒水、涌水现象。

五、防水工程与其他工程的关系

（一）与房屋建筑的关系

防水工程是房屋建筑工程中重要的组成部分，房屋建筑的使用寿命和它有直接的关系。房屋建筑围护结构的相关部位不受各种水的侵入，直接影响到房屋的使用寿命、生活质量，改善人居环境，保护建筑物具有良好、安全的使用环境、使用条件和使用年限，因此，防水工程在房屋建筑中有着重要地位。

（二）与土建工程施工的关系

按构造做法分，防水有结构构件自防水和防水材料防水两大类，结构构件自防水主要是依靠建筑构件（如底板、墙体、楼顶板等）材料的自身致密性来防水；防水材料防水是在结构层铺设防水卷材、防水涂料进行防水。防水工程是土建工程中的一个重要分部工程。防水施工和土建施工一样，都是建筑工程质量的关键环节，两者之间的关系是互相联系、互相保证、相互统一的整体防水体系。

（三）与建筑设备的关系

防水工程不仅要协调好与土建工程的关系，而且还必须认真解决好防水工程与建筑设备的关系，否则会直接影响到防水的效果。建筑工程的设备安装，主要集中在厕浴厨房间，安装洁具、器具等设备及水暖管道的预埋件、固定件（如螺钉、管卡等）确需穿过防水层时，其周边均应采用高性能的密封材料密封；穿过地面的管道应设管套，一定要协调好二者的施工程序，不得违规操作。

六、建筑防水工程施工课程的特点及学习方法

建筑防水是一项复杂、技术操作性很强的交叉工程，关系到诸多方面，如设计的合理性，原材料的质量、工人施工操作的熟练程度，以及防水工程施工全过程，包括与基础工程、主体工程、装饰工程等的配合及施工管理水平等。

建筑防水工程的施工，由于工程特点和施工条件等不同，可以采用不同的施工方法和

不同的施工机具来完成，研究如何采用先进的施工技术，保证工程质量，求得最合理、最经济的完成施工工作，是本课程的内容范畴。

（一）学习本课程的基本要求

掌握和熟悉建筑防水工程的基本构造、施工工艺，能从技术与经济的观点出发，合理选择材料，拟定施工方案，并具有分析处理一般防水技术与施工管理问题的能力。

（二）课程特点

建筑防水工程是一门综合性很强的应用学科。虽然仅属于建筑施工的一个工种工程，但根据工程实际，将建筑构造知识、建筑材料知识、工程质量检验等知识融入其中。在综合运用建筑基本知识、工程测量、建筑其他工种施工的知识的基础上，应用有关施工规范与施工规程（规定）来解决防水施工中的问题。同时，生产实践是建筑施工发展的源泉，施工与实践的紧密联系为本课程提供了丰富的研究内容，使得本课程实践性很强。

（三）学习方法

由于本课程综合性、实践性强，学习时，看懂容易，而真正理解掌握并正确应用则比较困难。因此，建议在学习过程中，认真学习领会教材中的概念、基本原理和基本方法，同时，选择一些典型的针对性的施工案例进行现场参观、学习，了解施工全过程。此外，对配合教学的实训课题进行细致的分析、理解，以获得应用上的明显收益。

项目二　防水工程施工机具及防水工

一、防水工程的重要性

防水工程是保证建筑物及构筑物的结构不受水的侵蚀，内部空间不受水危害的一项分部工程。防水工程涉及地下室、墙身、楼地面、屋顶等诸多部位，不仅受到外界气候和环境的影响，还与地基不均匀沉降和主体结构的变位密切相关。

建筑防水工程的质量直接影响到建筑物的使用功能和寿命。各种状态的水对建筑物不同部位造成的渗漏或损坏，会不同程度地影响到人民的正常生活和生产，所以，在建筑设计合理使用年限内，防止雨水及生产、生活用水的渗漏和地下水的侵蚀，确保其结构、室内装潢和产品不受污损，为人们提供一个舒适和安全的空间环境，是防水工程的重要任务。

二、防水工程的分类

（一）按设防部位分类

可分为屋面防水、地下防水、厕浴间防水等。

（二）按其构造做法分类

（1）结构防水，主要是依靠结构构件材料自身的密实性及其某些构造措施（坡度、埋设止水带等），使结构构件起到防水作用。

（2）材料防水，是在结构构件的迎水面或背水面以及接缝处，附加防水材料做成防水层，以起到防水作用，如卷材防水、涂料防水、刚性材料防水层防水等。

（三）按材料性能分类

可分为刚性防水和柔性防水两大类。

（四）按材料品种分类

可分为卷材防水、涂膜防水、刚性材料防水、建筑密封材料防水、堵漏材料防水等。

三、防水工的职业要求

（一）初级工职业要求

1. 基本要求

（1）职业道德。包括职业道德基本要求和职业守则。

（2）基础知识。主要有识图知识和房屋构造基本知识；常用防水材料知识；常用工具、机械知识；卷材防水施工知识；涂膜防水施工知识；防水工程渗漏防治知识；安全生产知识和有关的法律知识等。

2. 工作要求

初级工的工作要求见表1-11。

表 1-11　　　　　　　　　　　　　　初级工工作要求

职业功能	工作内容	技能要求	相关知识
工前准备	（一）识图	1. 能够正确识读建筑的图示和图例 2. 能够正确识读房屋防水工程构造图 3. 能够正确识读地下工程构造图	1. 建筑识图知识 2. 建筑施工图、防水节点构造知识
	（二）材料	1. 能够正确选择所使用的常用防水材料 2. 能够正确搬运、储存常用防水材料	1. 常用卷材的品种、技术指标、质量要求和用途 2. 常用沥青的名称、性能、质量、标号 3. 常用沥青玛蹄脂的配合比
	（三）工具准备	能够正确选用常用工具	手工工具的种类和用途
防水施工	（一）防水卷材的施工	1. 能够按配料单调制沥青玛蹄脂及冷子油和熔沥青 2. 能够按要求正确铺贴平面、立面的卷材	1. 熔沥青的操作知识 2. 冷底子油的操作工艺 3. 防水施工对基层处理要求的知识 4. 卷材铺贴的顺序、方法和质量要求
	（二）沥青制品的铺筑	1. 能够涂刷防潮沥青和嵌填伸缩缝 2. 能够拌制沥青砂、沥青混凝土，并进行铺贴	1. 防潮沥青和嵌填伸缩缝的涂刷方法 2. 沥青砂浆和沥青混凝土的配制方法
检查修补	（一）检查	1. 能够进行卷材防水外观质量检查 2. 能够进行卷材防水的蓄水、淋水试验	沥青基卷材防水工程质量检查方法
	（二）修补	能够进行防水层的修补	沥青基卷材防水的修补知识

（二）中级工职业要求

1. 基本要求

同初级工。

2. 工作要求

中级工的工作要求见表 1-12。

表 1-12　　　　　　　　　　中级工工作要求

职业功能	工作内容	技能要求	相关知识
工前准备	（一）识图	能够正确识读防水节点图	节点图基本知识
	（二）安全检查	能够进行场地设备、工具的安全检查	1. 防水安全操作知识 2. 熬制沥青、运输玛蹄脂及操作安全规定
	（三）材料准备	1. 能够正确使用防水卷材、防水涂料 2. 能够正确使用建筑密封材料	1. 防水卷材的技术指标和用途 2. 沥青、玛蹄脂的技术指标和试验知识 3. 合成高分子防水涂料的技术指标知识 4. 改性沥青密封材料技术性能和使用方法 5. 合成高分子密封材料技术性能和使用方法
防水施工	（一）防水卷材施工	1. 能够进行常见屋面卷材防水的铺贴 2. 能够进行地下工程防水卷材的铺贴	1. 热熔法、冷粘法、自粘法、热熔法铺贴防水卷材的施工程序和方法 2. 节点构造做法及要求 3. 地下防水工程的施工程序和方法 4. 地下防水工程的细部构造做法
	（二）涂料防水施工	1. 能够进行沥青类防水涂料的施工操作 2. 能够进行高聚物改性沥青类防水涂料的施工操作 3. 能够进行合成高分子防水涂料的施工操作	1. 防水涂料的操作工艺顺序和操作要点 2. 防水涂料施工的质量验收标准
	（三）墙面和地面防水施工	能够进行墙面和地面的防水施工操作	1. 墙面和地面防水工程的施工程序和方法 2. 防水涂料施工的主流验收标准
	（四）建筑防水施工管理	1. 能够做好班组管理工作 2. 能够进行防水工程工料核算	1. 班组管理知识 2. 防水工程工料计算方法

续表

职业功能	工作内容	技能要求	相关知识
检查修补	（一）工程的质量检测与防治	1. 能够对防水工程成品进行自检 2. 能够进行屋面防水渗漏检查与防治 3. 能够进行地下工程防水渗漏检查与防治	1. 防水工程质量标准 2. 屋面防水渗漏检查与防治 3. 地下工程防水渗漏检查与防治方法
	（二）成品保护	能够做好防水工程成品的保护工作	成品保护的措施与方法

四、安全生产与环境保护

《中华人民共和国安全生产法》第三条、《中华人民共和国建筑法》第三十六条、《建设工程安全生产管理条例》第三条都明确规定，建设工程安全生产管理必须坚持"安全第一、预防为主"的方针，这个方针是建设工程整个安全生产活动的指导原则。

"安全第一、预防为主"的方针是我国安全生产工作长期经验的总结。实践证明，要搞好安全生产，减少或避免安全事故的发生，就必须坚定不移地贯彻、落实这一方针。

在建筑施工作业的过程中，必须尽一切可能为操作人员创造安全卫生的施工环境和作业条件，克服施工过程中的不安全、不卫生因素，防止伤亡事故和职业危害的发生，使劳动者在安全、卫生的条件下顺利进行施工作业。在一个不安全的作业环境中、一个不能提供安全作业条件的生产环境中，不可能顺利地达到预期的目的。

安全促进生产，是预期安全工作必须紧紧围绕着生产活动来进行，不仅要保障职工的生命安全和身体健康，而且要促进生产的发展。离开生产，安全工作就毫无实际意义。

"预防为主"是手段和途径。安全事故的发生，虽具有一定的偶然性，人类在生产经营活动中，还不可能完全杜绝安全事故的发生，事故一旦发生，其后果就无法挽回。但只要思想重视，预防措施得当，事故特别是重大恶性事故的发生率就可以大大降低。

（一）施工现场安全管理的基本内容

1. 施工单位取得安全生产许可证后方可组织施工

按照《安全生产许可证条例》的规定，企业取得安全生产许可证，应当具备下列条件：

（1）建立、健全安全生产责任制，制定完备的安全生产规章制度和操作规程；

（2）安全投入符合安全生产的要求；

（3）设置安全生产管理机构，配备专职安全生产管理人员；

（4）主要负责人和安全生产管理人员经考核合格；

（5）特种作业人员经有关业务主管部门考核合格，取得特种作业操作资格证书；

（6）从业人员经安全生产教育和培训合格；

（7）依法参加工伤保险，为从业人员缴纳保险费；

（8）厂房、作业场所和安全设施、设备、工艺符合有关安全生产法律、法规、标准和规程的要求；

（9）有职业危害防治措施，并为从业人员配备符合国家标准或者行业标准的劳动防护用品；

（10）依法进行安全评价；

（11）有重大危险源检测、评估，监控措施和应急预案；

（12）有生产安全事故应急救援预案、应急救援组织或者应急救援人员，配备必要的应急救援器材、设备；

（13）符合法律、法规规定的其他条件。施工单位在施工前，应备齐相关的文件和资料，按照分级管理的规定，向安全生产许可证颁发管理机关申请领取安全生产许可证，取得安全生产许可证前，不能组织施工。

2. 必须建立健全安全管理保障制度

施工单位应建立健全以下几种基本的安全管理保障制度：

（1）安全生产有关制度。包括安全生产责任制度和安全生产教育培训制度、安全生产规章制度和操作规程、保证安全生产的资金查制度等。

（2）特种作业人员持证上岗制度。垂直运输机械作业人员、起重机械安装拆卸工、爆破作业人员、登高架设作业人员等特种作业人员，必须按照国家有关规定经过专门的安全作业培训，并取得特种作业操作资格证书后，方可上岗作业。

（3）专项工程专家论证制度。施工单位在施工组织设计中编制安全技术措施和施工现场临时用电方案时，对达到一定规模的危险性较大的分部分项工程编制专项施工方案，并经专家论证通过。

（4）消防安全责任制度。施工现场应按有关规定，建立消防安全责任制度，确定消防任人，制定用火、用电、使用易燃易爆材料等各项消防安全管理制度和操作规程。

（二）防水工安全操作知识

1. 一般规定

（1）材料存放于专人负责的库房，库房应严禁烟火，并挂有醒目的警告标志和防火措施须知。

（2）施工现场和配料场地应通风良好。操作人员应穿软底鞋、工作服，工作时扎紧袖口，并应戴手套及鞋套。涂刷处理剂和胶粘剂时，必须戴防毒口罩和防护眼镜。操作人员外露皮肤应涂擦防护膏，并严禁用手直接揉擦皮肤。

（3）患有皮肤病、眼病及有过敏反应者，不得参加防水作业。施工过程中发生恶心、头晕、过敏等时，应停止作业。

（4）用热玛蹄脂粘铺卷材时，浇油人员和铺毡人员应保持一定距离。浇油时，檐口下方不得有人行走或停留。

（5）使用液化气喷枪及汽油喷灯时，点火时不准将火嘴对人。汽油喷灯加油不得过满，打气不能过足。

（6）装卸溶剂（如苯、汽油等）的容器必须配软垫，不准猛推猛撞容器。使用容器后，必须将容器盖及时盖严。

（7）高处作业屋面周围边缘和预留洞口，必须按洞口、临边防护规定进行安全防护。

（8）防水卷材采用热熔粘结，使用明火（如喷灯）操作时，应申请办理用火证，设专人看火，并应配置灭火器材，操作场地周围 30m 以内不准有易燃物。

（9）雨、雪、霜天应待屋面干燥后施工。六级以上大风时应停止室外作业。

（10）下班时应清洗工具，未用完的溶剂必须装入容器内，并将容器盖盖严。

2. 熬油规定

（1）熬油灶必须距建筑物 10m 以上，上方不得有电线，地下 5m 以内不得有电缆，炉灶应设在建筑物的下风方向。

（2）炉灶附近严禁放置易燃、易爆物品，并应配备锅盖或铁板、灭火器、砂袋等消防器材。

（3）加入锅内的沥青不得超过锅容量的 3/4。

（4）熬油的作业人员应严守岗位，注意沥青温度变化，随着沥青温度变化慢火升温。熬制到由白烟转黄烟到红烟前，应立即停火。着火时，应用锅盖或铁板覆盖。地面着火时，应用灭火器、干砂等扑灭，严禁浇水。

（5）配制、储存、涂刷冷底子油的地点应严禁烟火，并不得在周围 30m 以内进行电焊、气焊等明火作业。

3. 热沥青运送规定

（1）装运油的桶壶应用铁皮咬口制成，并应设桶壶盖。严禁用锡焊桶壶。

（2）运输设备及工具必须牢固可靠，竖直提升时，平台的周围应有防护栏杆，提升时应拉牵引绳，防止油桶摇晃，吊运时油桶下方 10m 半径范围内严禁站人。

（3）不允许两人抬送沥青，桶内装油高度不得超过桶高的 2/3。

（4）在坡度较大的屋面操作时，应穿防滑鞋，设置防滑梯，并清扫屋面上的砂粒等。油桶下设桶垫，必须放置平稳。

（三）劳动保护与环境保护

1. 劳动保护基本要求

（1）从事有毒、有害作业的工人要定期进行体检，并配备必要的劳动保护用品。

（2）对可能存在毒物危害的现场应按规定采取防护措施，防护设施要安全有效。

（3）患有皮肤病、眼病、外伤及有过敏反应者，不得从事有毒物危害的作业。

（4）按规定使用防护用品，加强个人防护。

（5）不得在有毒物危害作业的场所内吸烟、进食。

（6）应避免疲劳作业、带病作业以及其他与作业者的身体条件不适合的作业，注意劳逸结合。

（7）搞好工地卫生，加强工地食堂的卫生管理，严防食物中毒。

（8）作业场所应通风良好，可视场所情况和作业需要分别采用自然通风和局部机械通风方法。

（9）凡有职业性接触毒物的作业场所，必须采取措施控制作业场所毒物的浓度符合国家规定标准。

（10）有害作业场所，每天应搞好场内清洁卫生。

（11）当作业场所毒物的浓度超过国家规定标准时，应立即停止工作并报告上级处理。

2. 劳动防护用品基本要求

（1）使用单位应建立健全劳动防护用品的购买、验收、保管发放、使用、更换、报废等管理制度，并应按照劳动防护用品的使用要求，在使用前对其防护功能进行必要的检查。

（2）使用单位应到定点经营单位或生产企业购买特种劳动目的防护用品。购买的劳动防护用品须经本单位的安全技术部门验收。

（3）使用劳动防护用品的单位应为劳动者免费提供符合国家规定的劳动防护用品。使用单位不得以货币或其他物品替代应当配备的劳动防护用品。

（4）使用单位应教育本单位劳动者按照劳动防护用品使用规则和防护要求正确使用劳动防护用品。

3. 环境保护基本要求

（1）防大气污染要求：

①施工现场主要道路必须进行硬化处理。施工现场应采取覆盖、固化、绿化、洒水等有效措施，做到不泥泞、不扬尘。施工现场的材料存放区必须平整夯实。

②遇有四级风以上天气时，不得进行土方回填、转运以及其他可能产生扬尘污染的施工。现场裸露的土方应用网织布覆盖。

③施工现场应配备相应的洒水设备，及时洒水，减少扬尘污染。

④建筑物内的施工垃圾清运必须采用封闭式专用垃圾道或封闭式容器吊运，严禁凌空抛撒。施工现场应设密闭式垃圾站，施工垃圾、生活垃圾分类存放，并按规定及时清运消纳。清运施工垃圾时，应适当洒水降尘。

⑤水泥和其他易飞扬的细颗粒建筑材料应密闭存放，使用过程中应采取有效措施防止扬尘。施工现场土方应集中堆放，采取覆盖或固化等措施。

⑥从事土方、渣土和施工垃圾的运输，必须使用密闭式运输车辆。施工现场出入口处设置冲洗车辆的设施，出场时，必须将车辆清理干净，不得将泥沙带出现场。

⑦市政道路施工铣刨作业时，应采取冲洗等措施，控制扬尘污染。灰土和无机料拌和，应采用预拌进场，碾压过程中要洒水降尘。

⑧施工现场使用的热水锅炉、炊事炉灶及冬季施工取暖锅炉等必须使用清洁燃料。工地锅炉和生活锅灶须符合消烟除尘标准。应采用各种行之有效的消烟除尘技术，减少烟尘对大气的污染。施工机械、车辆尾气排放应符合环保要求。

⑨拆除旧有建筑时，应随时洒水，减少扬尘污染。渣土要在拆除施工完成之日起 3 日内清运完毕，并应遵守拆除工程的有关规定。

⑩尽量采用冷防水新技术、新材料。需熬热沥青的工程应采用消烟节能沥青锅，不得在施工现场敞日熔融沥青或者焚烧油毡、油漆以及其他会产生有毒有害烟尘和恶臭气体的物质。

（2）防治水污染与施工废水处理：

①有条件的施工现场应采用废水集中回收利用系统。妥善处理泥浆水，未经处理的泥浆水不得直接排入城市排水设施和河流。

②搅拌机前台、混凝土输送泵及运输车辆清洗处应当设置沉淀池，沉淀池应定期清掏。废水不得直接排入市政污水管网，需经过二次沉淀后循环使用或用于洒水降尘。

③现场存放油料时，必须对库房进行防渗漏处理，储存和使用都应采取措施，防止油料泄漏污染土壤水体。

（3）施工噪声治理：

①施工现场应遵照《中华人民共和国建筑施工场界噪声限值》制定降噪措施。在城市市区范周内，建筑施工过程中使用的设备可能产生噪声污染的，施工单位应按有关规定向工程所在地的环保部门申报。

②因生产工艺要求必须连续作业或者因特殊需要必须在当日 22 时至次日 6 时期间进行施工的，建设单位和施工单位应当在施工工程所在地的区、县建设行政主管部门提出申请，经批准后进行夜间施工。

建设单位应当会同施工单位做好周边居民工作，并公布施工期限。

③离居民区较近和要求宁静的施工现场，对强噪声机械，如发电机、空压机、搅拌机、砂轮机、电焊机、电锯、电刨等，应设置封闭式隔声房，使噪声控制在最低限度；对无法隔声的外露机械，如塔吊、电焊机、打桩机、振捣棒等，应合理安排施工时间，一般不超过晚上 10 时，减轻噪声扰民。特殊情况需连续作业时，必须申报当地环保部门批准，并妥善做好周围居民工作，方可施工。

④施工现场尽量保证安静，现场机械车辆少发动、少鸣笛，施工操作人员不要大声喧闹和发出刺耳的敲击、撞击声，做到施工不扰民。进行夜间施工作业的，应采取措施，最大限度地减少施工噪声，可采用隔声布、低噪声振捣棒等方法。

⑤采用新技术、新材料、新工艺降低施工噪声，如采用自动实混凝土技术等。

⑥随时对施工现场的噪声进行监测，除城市基础设施工程和抢险救灾工程外，进行夜间施工作业产生的噪声超过规定标准的，应由建设单位对影响范围内的居民适当给予经济补偿。

（4）防固体垃圾污染措施：

①土方运输装载必须低于槽帮15cm，并采取有效措施封闭严密，杜绝运输途中的扬尘和遗撒污染道路和环境。

②运土车不准带土出场。

③施工垃圾应及时清运到指定的消纳场所，不准随地乱倒。清理施工垃圾，必须搭设密闭专用垃圾道或者采用容器吊运，严禁随意抛撒。建设工程施工现场应当设置密闭式垃圾站用于存放施工垃圾，施工垃圾应当按照规定及时清运消纳。

五、常用防水施工机具

（一）一般施工机具

1. 常用工具

（1）小平铲：也叫做腻子刀，如图 1-1 所示，有软硬两种，软性小平铲适合于调制弹性密封膏，硬性小平铲适合于清理基层。小平铲的规格：刀口宽度有 25mm、35mm、45mm、50mm、65mm、75mm、90mm 及 100mm 几种；刀口厚度有 0.4mm（软性）和

0.6mm（硬性）两种。

（2）扫帚：用于清扫基层，如图1-2所示，其规格同一般日用的。

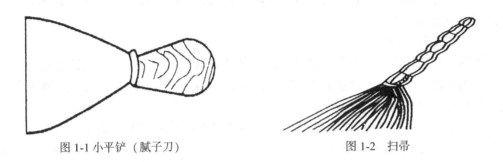

图1-1 小平铲（腻子刀）　　　　　图1-2 扫帚

（3）拖布：用于清除基层灰尘，其规格同一般日用的，如图1-3所示。

（4）钢丝刷：用于清除基层灰浆杂物，其规格为普通型，如图1-4所示。

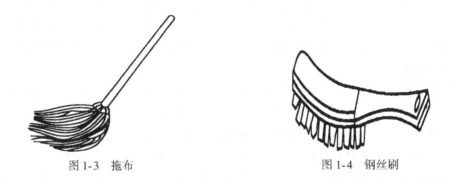

图1-3 拖布　　　　　　　图1-4 钢丝刷

（5）皮老虎：也叫做皮风箱，用于清除接缝内的灰尘。皮老虎的规格以宽度表示，其最大宽度有200mm、250mm、300mm及350mm，如图1-5所示。

（6）铁桶、塑料桶：用来装溶剂及涂料，其规格为普通型，如图1-6所示。

图1-5 皮老虎（皮风箱）　　　　图1-6 铁桶、塑料桶

（7）嵌填工具：用于嵌填衬垫材料，其规格为竹或木制，按缝深自制，如图1-7所示。

（8）压辊：用于卷材施工压边，其规格为ϕ40mm×100mm，钢制，如图1-8所示。

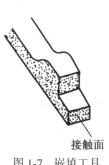

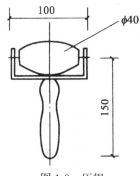

图 1-7　嵌填工具　　　　　　　　　图 1-8　压辊

（9）各种涂料刷：

①油漆刷：用于涂刷涂料，其规格以宽度表示，有 13mm、19mm、25mm、38mm、50mm、63mm、75mm、68mm、100mm、125mm 及 150mm 几种，如图 1-9 所示。

②滚动刷：用于涂刷涂料、胶粘剂等，其规格为 $\phi600mm\times250mm$、$\phi60mm\times125mm$，如图 1-10 所示。

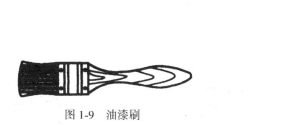

图 1-9　油漆刷　　　　　　　　　图 1-10　滚动刷

③长把刷：用于涂刷涂料，其规格为 200mm×400mm，把的长度自定，如图 1-11 所示。

（10）磅秤：用于计量，其最大称量为 50kg，承重板长×宽为 400mm×300mm；刻度值最小为 0.05kg，最大为 5kg；砝的规格及数目有 20kg/1 个，10kg/2 个，5kg/1 三种，如图 1-12 所示。

图 1-11　长把刷　　　　　　　　图 1-12　磅秤

（11）各类刮板：

①胶皮刮板：用于刮混合料，其规格为 100mm×200mm，自制，如图 1-13 所示。

②铁皮刮板：用于复杂部位刮混合料，其规格为 100mm×200mm，自制，如图 1-14 所示。

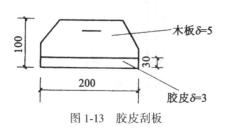
图 1-13　胶皮刮板

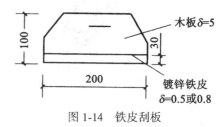
图 1-14　铁皮刮板

（12）度量工具：

①皮卷尺：用于度量尺寸，其规格为测量上限：5m、10m、15m、20m、30m、50m，如图 1-15 所示。

②钢卷尺：用于度量尺寸，其规格为测量上限 1m、2m、3m。如图 1-16 所示。

（13）镏子：用于密封材料表面修整，自制，如图 1-17 所示。

（14）剪刀：用于裁剪卷材等，其规格为普通型。

图 1-15　皮卷尺

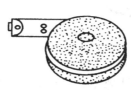
图 1-16　钢卷尺

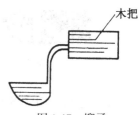
图 1-17　镏子

（15）小线绳：用于弹基准线，其规格为普通型。

（16）彩色笔：用于弹基准线，其规格为普通型。

（17）工具箱：用于装工具等，按需要自制。

2. 小型机具

（1）电动搅拌器：用于搅拌糊状材料，其规格为转速 200r/min，用手电钻改制，如图 1-18 所示。

（2）手动挤压枪：用于嵌填筒装密封材料，其规格为普通型，如图 1-19 所示。

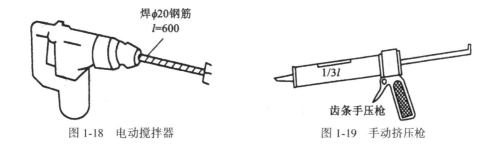

图 1-18　电动搅拌器　　　　　　　　图 1-19　手动挤压枪

（3）气动挤压枪：用于嵌填筒装密封材料，其规格为普通型，如图 1-20 所示。

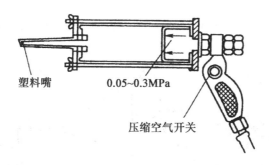

图 1-20　气动挤压枪

3. 灌浆和注浆设备

（1）手掀泵灌浆设备。此设备用于建筑堵漏注浆，其规格为普通型，如图 1-21 所示。

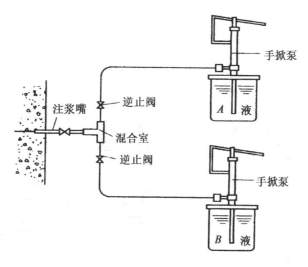

图 1-21　气动挤压枪

（2）风压罐灌浆设备。常用于建筑堵漏注浆，其规格为普通型，如图 1-22 所示。

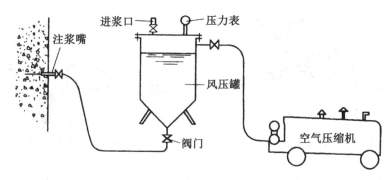

图 1-22 风压罐灌浆设备系统

（3）气动注浆设备。用于建筑堵漏注浆，其规格为普通型，如图 1-23 所示。

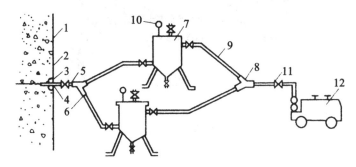

1—结构物；2—环氧胶泥封闭；3—活接头 4—注浆嘴；5—高压塑料透明管；6—连接管；
7—密封储浆罐；8—三通；9—高压风管；10—压力表；11—阀门；12—空气压缩机

图 1-23 气动注浆设备示意图

（4）电动注浆设备。用于建筑堵漏注浆，其规格为普通型，如图 1-24 所示，其中，注浆的专用设备有四种基本形式，如图 1-25 所示。

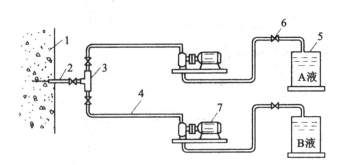

1—结构物；2—注浆嘴；3—混合室；4—输浆管；5—储浆罐；6—阀门；7—电动泵

图 1-24 电动注浆设备

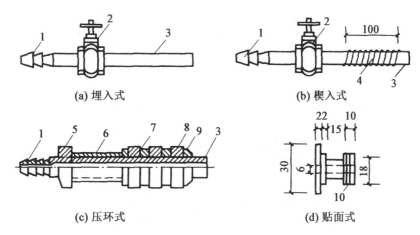

(a) 埋入式　　　　　　　　　　　(b) 楔入式

(c) 压环式　　　　　　　　　　　(d) 贴面式

1—进浆口；2—阀门；3—出浆口；4—麻丝；5—螺母；6—活动套管
；7—活动压环；8—弹性橡胶圈；9—固定垫圈；10—丝扣

图 1-25　注浆嘴

4. 沥青加热、施工设备。

（1）节能消烟沥青锅：是一种现场广泛采用的节能、消烟环保型沥青锅，用于熬制沥青，其规格见表 1-13，如图 1-26 所示。

表 1-13　　　　　　　　　JXL 型节能消烟沥青锅技术性能参数

技术项目	JXL-89 型	JXL-86-0.8 型	JXL-86-1.4
容量（kg）	连续出油量 300	800	1400
耗煤量（kg/h）	0.039	20	35
烟气净化率（%）	95~96	95.4	95.4
排烟黑度（林格曼）	0.5 级以下	0.5 级	0.5 级
出油温度（℃）	240~260	240~260	240~260
总质量（t）	——	1.2	2.0

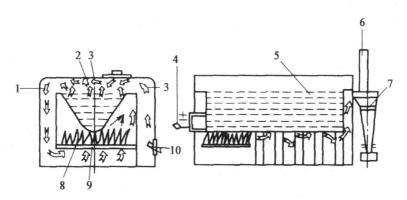

1—混合气；2—沥青烟；3—热空气；4—出油口；5—沥青；6—烟囱；7—除尘器
8—火焰；9—煤；10—炉门

图 1-26　节能消烟沥青锅燃烧炉

（2）沥青加热车：是一种加热、保温沥青的设备，可以现场加工制作，其外形和加工尺寸，如图 1-27 所示。沥青加热车通常用 2~3mm 的薄钢板焊制成夹层箱式结构，总质量约 150kg，一次可熔化沥青 350kg，并可连续添加，这种加热车具有以下特点：

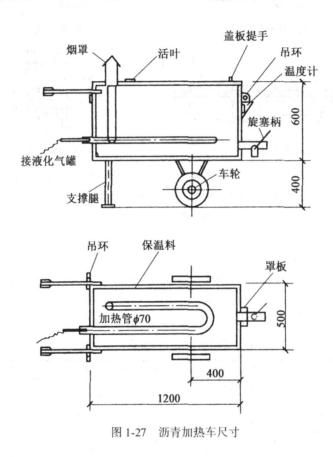

图 1-27　沥青加热车尺寸

①利用液化气和密封箱加热，通过液化气罐的阀门和表盘式热电隅温度计可调节加热温度，确保沥青在规定温度下浇铺。

②沥青加热车可置于屋顶上，溢出的少量烟气可向高空排放，施工环保，特别适合于翻修屋面防水层的施工。

③施工简便，加热车可随防水层的铺设在屋面上移动，并可在施工停歇时保温数小时。

④施工费用也较低廉。

（3）现场自制沥青锅灶：在一些偏远、交通不便地方施工或小工程施工，可以在现场自制沥青锅灶，用于熬制沥青胶结材料，其容积规格分为 $0.5m^3$、$0.75m^3$、$1.0m^3$、$1.5m^3$，用钢材焊接。现场自制的锅灶大样图如图 1-28 所示。

（4）加热保温沥青车：是防水工程冬季施工必备的设备，用于冬季运输沥青胶结材料。储油桶的容积约为 $0.3m^3$，如图 1-29 所示。

（5）鸭嘴壶：用于浇灌沥青胶结料，其规格为 $\phi360mm$、$h=500mm$，如图 1-30 所示。

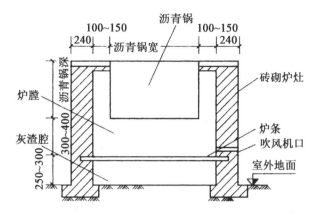

图 1-28　现场自制沥青锅灶大样图

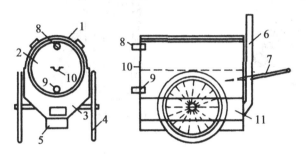

1—保温盖；2—储油桶；3—保温车厢；4—胶皮车轮；5—掏灰口；6—烟囱；
7—车把；8—储油桶出气口；9—流油嘴及闸门；10—吊环；11—加热室

图 1-29　加热保温沥青车

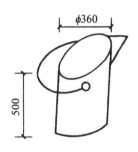

图 1-30　鸭嘴壶

（二）热熔卷材施工机具

1. 喷灯

喷灯分为煤油喷灯和汽油喷灯两种，外形如图 1-31 所示。防水施工用的喷灯其规格见表 1-14。操作工艺以汽油喷灯为例，施工时，将汽油喷灯点燃，手持喷灯加热基层与卷材的交界处。加热要均匀，喷灯口距交界处约 0.3m，要往返加热。趁卷材熔融时向前滚铺，随后用压辊将其压实。施工一定面积后，立即对卷材搭接处进行加热、封边，用压辊或小抹子将边封牢，使卷材与基层，卷材与卷材之间粘结牢固。

表 1-14　　　　　　　　　　　防水施工用喷灯规格

品种	型号	燃料	火焰有效长度（mm）	火焰温度（℃）	储油量（kg）	耗油量（kg/h）	灯净重（kg）
煤油喷灯	MD-2.5	灯用煤油	110	>900	2.1	1.0~1.25	2.9
	MD-3.5		130	>900	3.1	1.45~1.60	4.0
汽油喷灯	QD-2.5	工业汽油	150	>900	1.6	2.0	3.2
	QD-3.5		150	>900	3.1	2.1	4.0

2. 手提式微型燃烧器。

（1）构造与使用。手提式微型燃烧器由微型燃烧器与供油罐两部分组成，如图1-32、1-33所示，并配备一台空气压缩机。微型燃烧器由手柄、油路、气路及燃烧筒组成；供路油罐由罐体、油路、气路和压力表等构成。操作时，先起动空气压缩机，将供油罐内的油增压，使之成为油雾，点燃油雾，使微型燃烧器发出火焰，加热卷材与基层，使卷材达到熔融状态，趁卷材熔融时向前滚铺，随后用压辊给予一定外力将其压实。与喷灯施工相同，按预定施工方案将卷材搭接处进行加热、封边，用压辊或小抹子将边封牢，使卷材与基层、卷材与卷材之间粘结牢固。

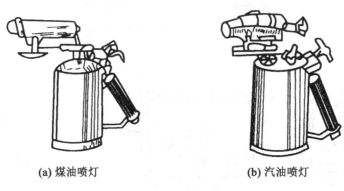

(a) 煤油喷灯　　　　　　　　　　　　(b) 汽油喷灯

图 1-31　喷灯

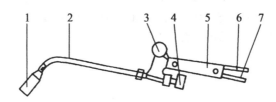

1—燃烧筒；2—油气管；3—气开关；4—油开关；5—手柄；6—气接嘴；7—油接嘴
图 1-32　燃烧器结构示意图

（2）使用安全注意事项。为确保施工安全，操作时应注意下列事项：

①燃烧器油路开关不可猛开猛关，以免熄火。

②燃烧器在运输、储存及使用时，要妥善保护，不可乱扔、乱摔、随便拆卸或做其他工具用。尤其是当燃烧筒在工作时，温度较高，更不准碰撞，以免产生变形或漏油、漏气而影响火焰形状，危及安全。

③供油罐内压力应为0.3~0.7MPa，小于0.3MPa时，燃烧器工作不正常。罐内压力最大不得大于0.7MPa。

④供油罐在运输前或不用时，应打开接气开关及下部的放油口，将余油放出排干净，使供油罐呈放空状态，以免发生危险。

⑤供油罐体不准碰撞或被利物划伤，供油罐每年定期检查一次，每次用完需随检，发现隐患应及时上报并排除。

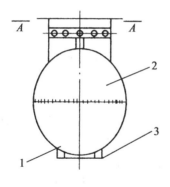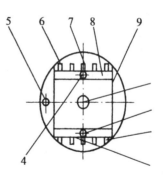

1—放油口；2—罐体；3—底座；4—通气管；5—注油口；6—气接嘴；7—来气接嘴
8—气总管；9—提手；10—压力表；11—通油管；12—油接嘴；13—油总管

图 1-33 供油罐结构示意图

⑥供油罐应放置在低温处，要随时注意检查。使用时，不准放在烈日下长时间曝晒，要有一定遮阳措施，以免使供油罐内压力增加，不利于安全。

⑦只准用煤油或轻柴油作为燃料。气路只准使用压缩空气。

3. AD 牌新型火焰枪

（1）特点、型号。AD 牌新型火焰枪是一种新型高效的施工机具，它具有下列特点：

①预热时间短，2~3min 后打开调节阀，即呈蓝火；

②火焰强，火焰长度为 50~600mm；

③耐用，长期燃烧不断火，不堵塞；

④使用方便，油罐与火焰枪喷火筒使用耐用橡胶管分离连接，使用方便。

其型号、性能与技术指标见表 1-15、表 1-16。

表 1-15 **AD 牌新型火焰枪型号与性能**

类型	型号	规格（mm）	火焰温度（℃）	火焰长度（mm）	颜色
汽化油火焰枪	AD-Y-02	50×100	1200~1500	50~600	紫蓝色
石油液化气火焰枪	AD-Q-01	32×100	1000~1200	50~300	蓝白
	AD-1-02	50×100	1200~1400	50~600	蓝白
	AD-Q-03	50×2×100	1200~1400	60~600	蓝白

表 1-16 **AD 牌新型火焰枪主要技术指标**

安全压力（MPa）	工作压力（MPa）	火焰温度（℃）	装油量（kg）	耗油量（kg/d）
安全压力 1.5~2.5 爆炸压力 7.2	0.2~0.5	1000~1500	大罐：1.5 小罐：4	1.4~1.8

（2）使用方法。

①AD-Y 型的使用方法：

加油打气：打开加油盖，加入定量汽油或煤油，然后拧紧加油盖，关闭油罐开关阀，用气筒注气至 0.2~0.4MPa，并认真检查是否泄漏。

预热：打开油罐阀及枪体油阖（旋转 1~1.5 圈），然后微动打开调节阀，将少许汽油注射进喷火筒，随即关闭调节阀，点燃喷火筒内汽油，燃烧 3min 就可达到预热程度。

点燃：将注入喷火筒内的汽油点燃，让其在喷筒内燃烧 2~3min，再打开枪体油阀（旋转 1~1.5 圈），然后开启调节阀，调节到所需火焰为止。

熄火：关闭油罐供油阀、枪体油阀，再将调节阀轻轻关闭，即可熄火。

②AD-Q 型的使用方法：

点火：接通液化气罐，打开罐体气阀，再轻动旋转枪体微动调节阀（不需预热）；然后用火柴或打火机点燃。如需强火时，可手压强力阀开关，即可达到所需的火焰温度和长度。在使用时，需特别注意要将液化气罐上减压阀芯抽掉。

熄火：关闭液化气罐及枪体调节阀即可。

（3）使用安全注意事项。

①使用前，应检查各连接处是否渗漏。压力容器要轻拿轻放，不得有漏油、漏气现象发生。

②调节阀只起调节火焰大小的作用，不能用来关闭油路，一般宜控制为 1.5~2.5 圈。

③发生意外火灾时，应首先关闭油罐开关阀，切断油源，然后迅速使用相应的方法灭火，防止油罐出现爆炸。

（4）故障排除。常见故障的原因及排除方法如下：

①喷火筒只出气而不喷火。

原因：吸油管高于油面。

排除方法：加油后即能喷火。

②火焰不稳定。

原因：油巾有杂质。

排除方法：可清洗油罐或更换油料。

③火焰出现红色虚火。

原因：预热时间不到 3min，调节阀打开过大。

排除方法：可延长预热时间，重新调整调节阀。

④有油不出火。

原因：一是气压不足，二是喷嘴内腔积炭过多。

排除方法：调节气压或清除杂质即可。

（三）**热焊卷材施工机具**

热风焊接法是卷材防水层热法施工工艺之一。热风焊接法是将两片 PVC 防水卷材搭接 40~50mm，通过热压焊接机的焊嘴吹热风加热，利用聚氯乙烯材料的热塑性，使卷材的边缘部分达到熔融状态，然后用压辊加压，将两片卷材融为一体。

热风焊接法的主要施工机具有热压焊接机、热风塑料焊枪、小压辊、冲击钻等，其中，热压焊接机构由传动系统、热风系统、转向部分组成，具体如图 1-34 所示。

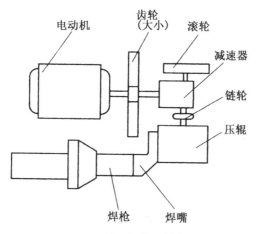

图 1-34　热压焊接机构构造

热压焊接机主要用来焊接 PVC 防水卷材的平面直线、手动焊枪焊接圆弧及立面。

1. 技术性能

热压焊接机的技术性能见表 1-17。

表 1-17　　　　　　　　　　　　　**热压焊接机的技术性能**

热压焊接速度（m/min）	热压焊接功率（kW）	规格（长×宽×高，mm）	焊接厚度（mm）	搭接宽度（mm）	焊枪调节温度（℃）
0.45	1.5	706×320×900	0.8~2.0	40~50	10~400

2. 特点

（1）使用灵活、方便，设备耐用；

（2）体积轻巧，结构简单，成本低；

（3）劳动强度低，保证质量；

（4）节约卷材；

（5）焊接不受气候的影响；

（6）环境污染小。

3. 操作顺序

（1）检查焊机、焊枪、焊嘴等是否齐全，安装是否牢固；

（2）总启动开关合闸，接通电源；

（3）先开焊枪开关，调节电位器旋钮，由零转到合适的功率，要逐步调节，使温度达到要求，预热数分钟；

（4）启动运行电动机开关，用手柄控制运行方向，开始热压焊接施工；

（5）焊接完毕，先关热压焊接机的电动机开关，然后再旋转焊枪的旋钮，旋至零位，经过几分钟后，再关闭焊枪的开关。

☞ **思考题**

    1. 什么是防水工程？防水工程有什么重要性？

    2. 简述防水工程分类以及具体内容。

    3. 举例说明五种常用施工机具的用途。

    4. 防水施工方案的主要内容有哪些？

    5. 防水施工现场准备包括哪些内容？

☞ **实训任务**

识别防水材料

    1. 实训准备

    实训场地可选择一个建筑材料市场或在校内实训基地。至少准备 8 种防水卷材、3 种防水涂料、3 种密封材料。

    2. 实训操作方法

    （1）指导教师介绍防水材料名称、特性和使用位置等内容。

    （2）学生观察防水材料外观，阅读产品说明书，了解材料成分和技术指标。

    （3）对每名学生随机抽取 3 种防水卷材、1 种防水涂料、1 种密封材料进行考核。

    3. 操作内容及要求

    （1）分别指出每一种是什么材料。

    （2）分别说出每一种材料的品种名称。

    （3）分别说出每一种材料的特性（每一种材料至少答出 4 种特性）。

    （4）分别说出每一种材料在建筑物防水构造上的使用位置。

    4. 考核内容及评分标准

    考核内容及评分标准见表 1-18。

表 1-18   **识别防水材料操作评定表**

序号	测定项目	满分	评定标准	检查点					得分
				1	2	3	4	5	
1	什么材料	20	每一种错扣 4 分						
2	名称	20	每一种错扣 4 分						
3	特性	30	每一种、每一项错扣 4 分						
4	使用位置	20	每一种错扣 4 分						
5	答题时间	10	限时 6 分钟，每超 1 分钟扣 5 分	开始时间：		结束时间：			

学习情境二　屋面的防水施工

☞ **教学目标**

1. 熟悉常见屋面防水材料的品种和质量要求

2. 掌握常见屋面防水的构造层次和细部构造、防水屋面的工艺流程、成品保护和安全技术措施、质量验收的基本要求和方法

3. 掌握常用屋面防水材料的施工方法和质量标准

4. .能够进行防水工程量计算

5. 能够进行屋面防水工程施工的质量验收

☞ **案例引导**

某一单层金属材料库建筑面积为 2500m²，坡屋顶，内檐沟有组织排水。原设计如图 2-1 所示，1984 年 11 月完工。1985 年 7 月有一天晚上下大雨，第二天上班时还没有停，只见雨水顺内墙大量的流向室内，地面有 5cm 深的积水。上屋面观察，檐沟积满雨水，雨水口全部被粉煤灰和豆石堵死，雨水顺檐沟卷起上口流淌，将雨水口疏通后，积水逐步排净，漏雨现象停止。

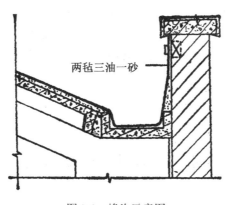

图 2-1　檐沟示意图

☞ **原因分析**

（1）设计不合理，该工程离厂内锅炉房很近，粉煤灰落在屋面上。由于是坡屋顶，粉煤灰都堆积在檐沟里，设计时没有考虑这一点，没有采取措施。

（2）油毡收口处设计不合理，只用模板条压，即便雨水口不堵死，也容易发生渗漏现象，时间一长，压条也要损坏，渗漏会更严重。应该用砂浆将收口封住，如图 2-2 所示，在檐沟垂直面上用豆石混凝土压油毡效果更好。

☞ **任务描述**

1. 工作任务

某高校新建教工宿舍楼，屋面面积 120m²，需要进行防水。三种施工方案如下：
（1）采用卷材防水施工；（2）采用防水涂料施工；（3）采用刚性防水屋面施工。

要求防水层遇女儿墙及出屋面突出物时，均做不小于 250mm 高的泛水；防水层遇出
屋面门口时，均入门口内 150mm。详细做法如图 2-2 所示。

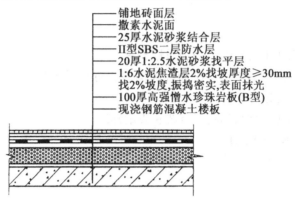

```
———— 铺地砖面层
———— 撒素水泥面
———— 25厚水泥砂浆结合层
———— II型SBS二层防水层
———— 20厚1:2.5水泥砂浆找平层
———— 1:6水泥焦渣层2%找坡厚度≥30mm
      找2%坡度,振捣密实,表面抹光
———— 100厚高强憎水珍珠岩板(B型)
———— 现浇钢筋混凝土楼板
```

图 2-2 屋面防水做法

2. 作业条件

（1）规范图集资料：《屋面工程质量验收规范》（GB50207—2002）、《屋面工程技术规
范》（GB50207—2002）、《建筑施工手册》（第四版）、《建筑工程施工质量验收统一标准》
（GB50300—2001）、《建筑防水施工手册》（俞宾辉编）、《防水工升级考核试题集》（雍传
德编）、《进城务工实用知识与技能丛书：防水工》（重庆大学出版社）。

（2）机具：高压吹风机、小平铲、扫帚、钢丝刷、铁桶、木棒、长把滚刷、油漆刷、
裁剪刀、壁纸刀、盒尺、卷尺、单筒及双筒热熔喷枪、移动式热熔喷枪、喷灯、铁抹子、
干粉灭火器、手推车。

☞ **知识链接**

项目一　卷材防水屋面施工

一、卷材防水屋面基本构造

用胶结材料粘贴卷材，防止雨水、雪水等对屋面间歇性渗透作用，称为卷材屋面防
水。这种防水可适用于防水等级为 I～IV 级的屋面防水。

卷材防水屋面属于柔性防水屋面，它具有自重轻、柔韧性好、防水性能好的优点，但
同时也存在造价较高、易于老化、施工复杂、周期长、修补困难等缺点。卷材防水屋面的
女儿墙泛水、檐口、变形缝等部位的构造如图 2-3～图 2-8 所示。

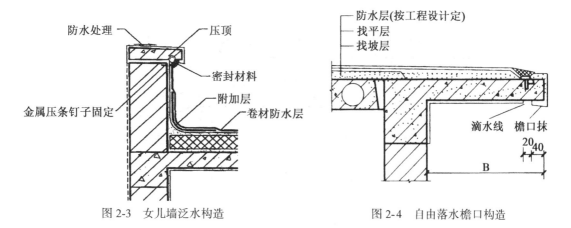

图 2-3　女儿墙泛水构造　　　　　　　　　图 2-4　自由落水檐口构造

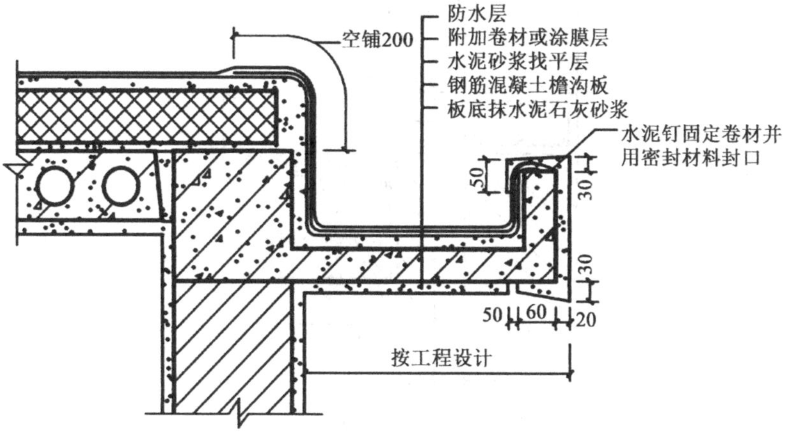

图 2-5　挑檐沟檐口构造

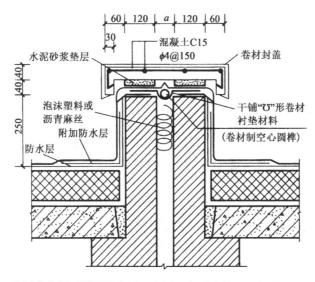

图 2-6　卷材防水屋面同层等高不上人屋面变形缝构造（钢筋混凝土板盖缝）

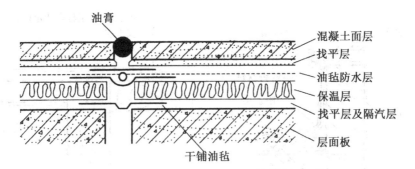

图 2-7　卷材防水屋面同层等高上人屋面变形缝

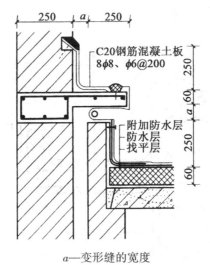

a—变形缝的宽度

图 2-8　卷材屋面高低屋面变形缝

二、施工前的准备

(一) 技术准备

1. 熟悉设计图纸

目的是为了领会设计意图，熟悉房屋构造、细部节点构造、设防层次、采用的防水材料，进而掌握规定的施工工艺和技术要求。

2. 编制施工方案

防水工程施工方案应明确施工段的划分：施工顺序、施工方法、施工进度、施工工艺，提出操作要点、主要节点构造施工做法、保证质量的技术措施、质量标准、成品保护及安全注意事项。

3. 明确施工中的检查程序

防水工程施工前，必须明确检查程序，定出哪几道工序完成后必须检验合格才能继续施工，并提出相应的检查内容、方法、工具和记录。

4. 做好施工记录

防水工程施工过程中应详细记录施工全过程，以作为今后维修的依据和总结经验的参考，记录应包括以下内容，这些记录在完工后应立即归档：

（1）工程基本概况：包括工程项目、地点、性质、结构、层数、建筑面积和防水面积、设计部位、防水层构造层次、防水层用材及单价等。

（2）施工状况：包括施工单位、负责人、施工日期、气候、环境条件、基层及相关层次质量，材料名称、材料厂家、材料质量、检验情况、材料用量及节点处理方法。

（3）工程验收：包括中间验收、完工后的试水检验、质量等级评定、施工过程中出现的质量问题和解决方法。

（4）检验教训、改进意见。

5. 技术交底

防水工程施工前，施工负责人应向班组进行技术交底，内容包括施工部位、施工顺序、施工工艺、构造层次、节点设防方法、增强部位及做法、工程质量标准、保证质量的技术措施、成品保护措施和安全注意事项。

（二）物资、机具准备

物资准备包括防水材料的进场和抽检、配套材料准备、机具进场、试运转等。防水工程负责人必须根据设计要求，按防水面积计算各种材料的总用量，将物资运抵施工现场。根据规定抽样检验复测合格后才能使用。对于配套材料，如节点用的密封材料、固定用料等，都要求备齐。机具要清洗干净，运到现场后进行试运转，保持良好的工作状态，如有损坏，应及时修复，小型手工工具也要及时购置备足。常备机具有：砂浆搅拌机或混凝土搅拌机、运料手推车、铁锹、铁抹子、水平刮木、水平尺、沥青锅、炒盘、压滚、烙铁。

（三）现场条件的准备

现场条件包括材料堆放场所以及每天运到屋面的临时堆放场地，还有运输的机具准备以及现场工作面清理工作。

现场堆放场地必须选择能避风雪、无热源的仓库，按材料品种分别堆放，对易燃材料应挂牌标明，严禁烟火，准备必要的消防设备，同时要准备运至屋面临时堆放场所。这要结合工作面来选择临时堆放点。需明火加热的沥青熬制及热熔法施工，应有点火申请批准书，并做好安全消防的器材准备。

（四）材料准备

屋面防水工程常用的防水卷材有沥青防水卷材、高聚物改性沥青防水卷材和合成高分子卷材。高聚物改性沥青防水卷材提高了防水材料的强度、延伸率和耐老化性能，正在取代传统的沥青卷材。新型的合成高分子卷材具有单层防水、冷施工、重量轻、污染小、对基层适应性强等特点，是正在发展和推广使用的防水卷材。

一般要求屋面防水施工使用的防水卷材应具备如下特性：

（1）水密性好，即具有一定的抗渗能力，吸水率低；

（2）大气稳定性好，即在阳光作用下抗老化性能持久；

（3）温度稳定性好，即高温下不会流淌变形，低温不脆断，在一定温度条件下，保持性能良好；

（4）能承受施工及变形条件下产生的荷载，具有一定强度和伸长率；

（5）便于施工，工艺简便；

（6）对人身和环境无污染。

1. 常用防水卷材特点及其适用范围（表2-1）

表 2-1　　　　　　　　　**沥青防水卷材的特点及适用范围**

卷材名称	特点	适用范围	施工工艺
石油沥青纸胎油毡	是我国传统的防水材料，目前在屋面工程中仍占主导地位，其低温柔性差，防水层耐用年限较短，但价格较低	三毡四油、二毡三油叠层铺设的屋面工程	热玛蹄脂、冷玛蹄脂粘贴施工
玻璃布沥青油毡	抗拉强度高，胎体不易腐烂，材料柔韧性好，耐久性比纸胎油毡提高1倍以上	多用做纸胎油毡的增强附加层和突出部位的防水层	热玛蹄脂，冷玛蹄脂粘贴施工
玻纤毡沥青油毡	有良好的耐水性、耐腐蚀性和耐久性，柔韧性也优于纸胎沥青油毡	常用做屋面或地下防水工程	热玛蹄脂，冷玛蹄脂粘贴施工
黄麻胎沥青油毡	抗拉强度高，耐水性好，但胎体材料易腐烂	常用做屋面增强附加层	热玛蹄脂，冷玛蹄脂粘贴施工
铝箔胎沥青油毡	有很高的阻隔蒸汽的渗透能力，防水功能好，且具有一定的抗拉强度	与带孔玻纤毡配合或单独使用，宜用于隔冷层	热玛蹄脂粘贴

　　此类防水卷材按厚度可分 2mm、3mm、4mm、5mm 等规格，一般为单层铺设，也可复合使用，根据不同卷材，可采用热熔法、冷粘法和自粘法施工。

　　常用高聚物改性沥青防水卷材的特点和适用范围见表2-2，常用合成高分子防水卷材的特点和适用范围见表2-3。

表 2-2　　　　　　　　**常用高聚物改性沥青防水卷材的特点和适用范围**

卷材名称	特点	适用范围	施工工艺
SBS 改性沥青防水卷材	耐高、低温性能有明显提高，卷材的弹性和耐疲劳性明显改善	单层铺设的屋面防水工程或复合使用，适合于寒冷地区和结构变形频繁的建筑	冷施工铺贴或热熔铺贴
APP 改性沥青防水卷材	具有良好的强度、延伸性、耐热性、耐紫外线照射及耐老化性	单层铺设，适合于紫外线辐射强烈及炎热地区屋面使用	热熔法或冷粘法铺设
PVC 改性焦油防水卷材	有良好的耐热及耐低温性能；最低开卷温度为-18℃	有利于在冬期施工	可热作业亦可冷施工
再生胶改性沥青防水卷材	有一定的延伸性，且低温柔性较好，有一定的防腐蚀能力，价格低廉，属低档防水卷材	变形较大或档次较低的防水工程	热沥青粘贴
废橡胶粉改性沥青防水卷材	比普遍石油沥青纸胎油毡的抗拉强度、低温柔性均明显改善	叠层使用于一般屋面防水工程，宜在寒冷地区使用	热沥青粘贴

表 2-3　　　　　　　　　　　常用合成高分子也水卷材特点和适用范围

卷材名称	特点	适用范围	施工工艺
三元乙丙橡胶防水卷材	防水性能优异，耐候性好，耐臭氧性、耐化学腐蚀性、弹性和抗拉强度大，对基层变形开裂的适用性强，重量轻，使用温度范围宽，寿命长，但价格高，粘结材料尚需配套完善	防水要求较高、防水层耐用年限要求长的工业与民用建筑，单层或复合作用	冷粘法和自粘法
丁基橡胶防水卷材	有较好的耐候性、耐油性、抗拉强度和延伸率，耐低温性能稍低于三元乙丙防水卷材	单层或复合使用于要求较高的防水工程	冷粘法法施工
氯化聚乙烯防水卷材	具有良好的耐候、耐臭氧、耐热老化、耐油、耐化学腐蚀及抗撕裂的性能	单层或复合使用宜用于紫外线强的炎热地区	冷粘法施工
氯磺化烯防水卷材	延伸经较大、弹性较好，对基层变形开裂的适应性较强，耐高、低温性能好，耐腐蚀性能优良，有很好的难燃性	适合于有腐蚀介质影响及在寒冷地区的防水工程	冷粘法施工
聚氯乙烯防水卷材	具有较高的拉伸和撕裂强度，延伸率较大，耐老化性能好，原材料丰富，价格便宜容易粘结	单层或复合使用于外露或有保护层的防水工程	冷粘法或热风焊接法施工
氯化聚乙烯一橡胶共混防水卷材	不但具有氯化聚乙烯特有的高强度和优异的耐臭氯、耐老化性能，而且具有橡胶所特有的高弹性、高延伸性以及良好的低温柔性	单层或复使用，尤宜用于寒冷地区变形较大的防水工程	冷粘法施工
三元乙丙橡胶一聚乙烯共混防水卷材	是热塑性弹性材料，有良好的耐臭氧和耐老化性能，使用寿命长，低温柔性好，可在负温条件下施工	单层或复合外露防水层面，宜在寒冷地区使用	冷粘法施工

2. 基层处理剂

基层处理剂是为了增强防水材料与基层之间的粘结力，在防水层施工前，预先涂刷在基层上的稀质涂料。常用的基层处理剂有冷底子油及高聚物改性沥青卷材和合成高分子卷材配套的底胶，它与卷材的材性应相容，以免与卷材发生腐蚀或粘结不良。

（1）冷底子油。屋面工程采用的冷底子油是 10 号或 30 号石油沥青溶解于柴油、汽油、二甲苯或甲苯等溶剂中而制成的溶液。可用于涂刷在水泥砂浆、混凝土基层或金属配件的基层上作基层处理剂，它可使基层表面与卷材沥青胶结料之间形成一层胶质薄膜，以此来提高其胶结性能。

（2）卷材基层处理剂。用于高聚物改性沥青和合成高分子卷材的基层处理，一般采用合成高分子材料进行改性，基本上由卷材生产厂家配套供应。部分卷材的配套基层处理剂见表2-4。

表2-4 卷材与配套的卷材基层处理剂

卷材种类	基层处理剂
高聚物改性沥青卷材	改性沥青溶液、冷底子油
三元乙丙丁基橡胶卷材	聚氨酯底胶甲∶乙∶二甲苯＝1∶1.5∶1.5~3
氯化聚乙烯—橡胶共混卷材	氯丁胶 BX-12 胶粘剂
增强氯化聚乙烯卷材	3 号胶∶稀释剂＝1∶0.05
氯磺化聚乙烯卷材	氯丁胶沥青乳液

（3）胶粘剂。

①沥青胶结材料。配制石油沥青胶结材料，一般采用两种或三种牌号的沥青按一定配合比熔合，经熬制脱水后，掺入适当品种和数量的填充料，配制成沥青胶结材料。

②合成高分子卷材胶粘剂。用于粘贴卷材的胶粘剂可分为卷材与基层粘贴剂及卷材与卷材搭接的胶粘剂。胶粘剂均由卷材生产厂家配套供应，常用合成高分子卷材配套胶粘剂见表2-5。

表2-5 部分合成高分子卷材的胶粘剂

卷材名称	基层与卷材胶粘剂	卷材与卷材胶粘剂	表面保护层涂料
三元乙丙一丁基橡胶卷材	CX-404	丁基粘结剂 A、B 组分（1∶1）	水乳型醋酸乙烯—丙烯酸酯共聚、油溶型乙丙橡胶和甲苯溶液
氯化聚乙烯卷材	BX-12 胶粘剂	BX-12 组分胶粘剂	水孔型醋酸乙烯—丙烯酸酯共混、油溶型乙丙橡胶和甲苯溶液
LYX-603 氯化聚乙烯卷材	LYX-603-3（3 号胶）甲、乙组分	LYX-603-2（2 号胶）	LYX-603-1（1 号胶）
聚氯乙烯卷材	FL-5 型（5~15℃时使用）、FL-15 型（15~40℃时使用）		

三、卷材防水屋面施工

（一）常见部位施工工艺

清理基层→做找平层→屋面细部构造处理→基层处理剂→铺贴沥青防水卷材→卷材搭接粘结处理→保护层施工。

1. 清理基层

屋面结构层为预制装配式混凝土板时，板缝应用 C20 细石混凝土嵌填密实，并宜掺加微膨胀剂；当板缝宽度大于 40mm 或上窄、下宽时，板缝内应设置构造钢筋。屋面表面的突起物、碎屑、浮土等，应清扫干净。

2. 做找平层

找平层必须压实、平整，排水坡度必须符合规范规定。采用水泥砂浆找平层时，水泥砂浆抹平收水后，应二次压光、充分养护，不得有疏松、起砂、起皮现象；否则，必须进行修补。找平层必须干净、干燥。检验干燥程度的方法：可将 $1m^2$ 卷材干铺在找平层上，静置 3~4h 后掀开，覆盖部位与卷材上未见水印者为合格。平整度用 2m 靠尺检查，最大空隙不应超过 5mm，且每米长度内不允许多于 1 处，且要求平缓变化。

3. 屋面细部构造处理

屋面基层与女儿墙、立墙、天窗壁、烟囱、变形缝等突出屋面结构的连接处以及基层的转角处（各水落口、檐口、天沟、檐沟、屋脊等），均应做成圆弧，圆弧半径为 50mm，见表 2-6。

表 2-6 转角处圆弧半径

卷材种类	圆弧半径（mm）
沥青防水卷材 高聚物改性沥青防水卷材	100~150 50
合成高分子防水卷材	20

4. 基层处理剂

基层处理剂一般采用冷底子油，可采用喷涂、刷涂施工。喷、刷基层处理剂前，应先在屋面节点、拐角、周边等处进行喷、刷。喷、刷应均匀，待第一遍干燥后再进行第二遍喷、刷，待最后一遍干燥后，方可铺贴卷材。

5. 铺贴沥青防水卷材

卷材铺贴应采取"先高后低、先远后近"的施工顺序，这样可以避免已铺屋面因材料运输而遭踩踏和破坏。卷材大面积铺贴前，应先做好节点密封处理、附加层和屋面排水较集中部位（屋面与水落口连接处、檐口、天沟、檐沟、屋面转角处、板端缝等）的处理以及分格缝的空铺条处理等；然后，由屋面最低标高处向上施工。铺贴天沟、檐沟卷材时，宜顺天沟、檐沟方向铺贴。从水落口处向分水线方向铺贴，以减少搭接，如图 2-9 所示。施工段的划分宜设在屋脊、天沟、变形缝等处。

（1）热施工工艺。用热熔法及滚铺法铺贴卷材时，先把卷材展铺在预定的位置上，将卷材末端用火焰加热器加热熔融涂盖层，并粘贴固定在预定的基层表面上；然后，把卷材的其余部分重新卷成一卷，并用火焰加热器对准卷成卷的卷材与基层表面的夹角，均匀加热至卷材表面开始熔化并呈光亮黑色状态时，即可边熔融卷材涂盖层，边滚铺卷材。滚铺时，应排除卷材与基层之间的空气，使之平展并粘结牢固。卷材的搭接缝部位以均匀地

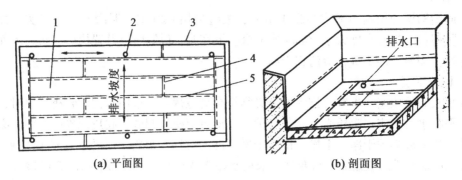

(a) 平面图   (b) 剖面图

1—封脊卷材；2-排水口；3—女儿墙；4—卷材接头（横向）；5—卷材接头（纵向）

图 2-9　卷材配置示意图

溢出改性沥青为度。卷材被热熔后，应立即铺贴。如为两层卷材防水，在铺贴第二层卷材时，其接缝必须与第一层卷材的接缝错开幅宽的 1/3～1/2。第二层卷材的铺贴方法与第一层卷材铺贴方法相同。采用热熔法铺贴卷材时，应注意加热均匀，不得过分加热或烧穿卷材。喷枪头与卷材面一般应保持 300～500mm 的距离，与基层成 60°角为宜，如图 2-10 所示。卷材被热熔后，应立即滚铺粘贴，并在卷材还较柔软时进行滚压，排除卷材下面的空气，如图 2-11、图 2-12 所示，使其粘结牢固。搭接缝处溢出的热熔改性沥青应随即用刮板刮平，沿边封严。

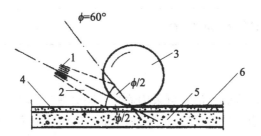

1—喷嘴；2—火焰；3—成卷的卷材；4—水泥砂浆找平层；5—混凝土垫层；6—卷材防水层

图 2-10　熔焊火焰与成卷卷材和基层表面的相对位置

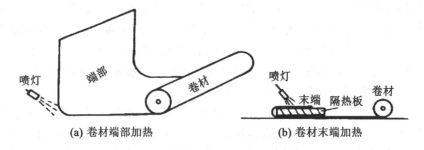

(a) 卷材端部加热   (b) 卷材末端加热

图 2-11　热熔卷材端部铺贴示意图

1—加热；2—滚铺；3—排气、收边；4—压实

图 2-12 滚铺法铺贴热熔卷材

具体的施工过程如图 2-13~图 2-16 所示。

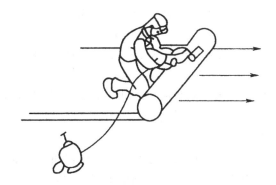

图 2-13 热熔卷材施工

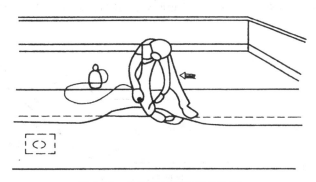

图 2-14 热熔卷材纵向搭接处理

(a)　　　　　　　　　　　(b)

图 2-15 热熔卷材封边

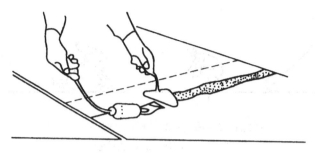

图 2-16　接缝熔焊粘结后处理

（2）冷施工工艺。冷施工工艺有冷玛蹄脂粘贴法、冷粘法和自粘法。

①自粘贴施工：是指自粘型卷材的铺贴施工，如图 2-17 所示。由于这种卷材在工厂生产时底面涂了一层高性能胶黏剂，并在表面敷有一层隔离纸。使用时将隔离纸剥去，即可直接粘贴。自粘贴施工一般可采用满粘和条粘方法。采用条粘时，可在不粘贴的基层部位刷一层石灰水或干铺一层卷材。施工时应注意以下几点：

a. 铺贴前，基层表面应均匀涂刷基层处理剂，干燥后应及时铺贴卷材。

b. 铺贴时，应将自粘型卷材表面的隔离纸完全撕净。铺贴过程中，应排除卷材下面的空气，并滚压粘结牢固。

c. 铺贴的卷材应平整、顺直，搭接尺寸准确，不得扭曲、皱褶。

d. 搭接部位宜用热风焊枪加热，加热后粘贴牢固，随即将溢出的自粘胶刮平封口。

e. 接缝口应用密封材料封严，宽度不应小于 10mm。铺贴立面和大坡面卷材时，应加热后粘贴牢固。沿边掀起卷材，加热卷材底面和基层面，并立即予以粘贴，从卷材中间向两边赶出气泡。

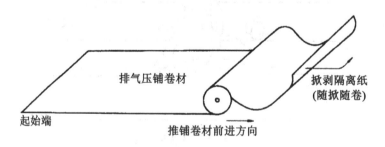

图 2-17　自粘型卷材滚铺法施工示意图

②冷粘法施工：采用冷粘法铺贴高聚物改性沥青防水卷材，是指用高聚物改性沥青胶黏剂或冷玛蹄脂粘贴于涂有冷底子油的屋面基层上。高聚物改性沥青防水卷材施工不同于沥青防水卷材多层做法，通常只是单层或双层设防，因此，每幅卷材铺贴必须位置准确，搭接宽度符合要求。其施工应符合以下要求：

a. 根据防水工程的具体情况，确定卷材的铺贴顺序和铺贴方向，并在基层上弹出基准线；然后，沿基准线铺贴卷材。

b. 复杂部位，如管根、水落口、烟囱底部等易发生渗漏的部位，可在其中心 200mm

左右范围内先均匀涂刷一遍改性沥青胶黏剂，厚度 1mm 左右；涂胶后随即粘贴一层聚酯纤维无纺布，并在无纺布上再涂刷一遍厚度为 1mm 左右的改性沥青胶黏剂，使其干燥后形成一层无接缝的整体防水涂膜增强层。

　　c. 铺贴卷材时，可按卷材的配置方案，边涂刷胶黏剂，边滚铺卷材，并用压辊滚压排除卷材下面的空气，使其粘结牢固。改性沥青胶黏剂涂刷应均匀，不漏底、不堆积。用空铺法、条粘法、点粘法时，应按规定位置与面积涂刷胶黏剂。

　　d. 搭接缝部位最好采用热风焊机或火焰加热器（热熔焊接卷材的专用工具）或汽油喷灯加热，至接缝卷材表面熔融至光亮黑色时，即可进行黏合，如图 2-16 所示，封闭严密。采用冷粘法时，接缝口应用密封材料封严，宽度不应小于 10mm。

　　6. 卷材的搭接方法、宽度和要求

　　卷材铺贴应采用搭接法，卷材搭接宽度见表 2-7。

表 2-7　　　　　　　　　　　　　　　卷材搭接宽度（mm）

铺贴方法 卷材种类		短边搭接		长边搭接	
		满粘法	空铺、点粘、条粘法	满粘法	空铺、点粘、条粘法
沥青防水卷材		100	150	70	100
高聚物改性 沥青防水卷材		80	100	80	100
合成高分子防水卷材	胶粘剂	80	100	80	100
	胶粘带	50	60	50	60
	单缝焊	60，有效焊接宽度不小于 25			
	双缝焊	80，有效焊接宽度 10×2+空腔宽			

　　相邻两幅卷材的接头还应相互错开 300mm 以上，以免接头处多层卷材相重叠而粘结不实。叠层铺贴时，上下层两幅卷材的搭接缝也应错开 1/3 幅宽，如图 2-18 所示。

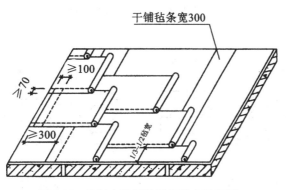

图 2-18　卷材水平铺贴搭接要求示意图

施工完成后，如果屋面出现积水，主要是屋面不平整、平层不平顺造成的。施工时应找好线、放好坡，找平层施工中应拉线检查；做到坡度符合要平整、无积水。

当防水层出现空鼓时，可能产生的原因是：铺贴卷材时基层不干燥，铺贴不认真，边角处易出现空鼓。因此，铺贴卷材应掌握基层含水率，不符合要求不能铺贴卷材；同时，铺贴时应平、实，压边紧密，粘结牢固。

当发现渗漏时，一般这种情况多发生在细部位置。在铺贴附加层时，要注意卷材剪配、粘贴操作，应使附加层紧贴到位，封严、压实，不得有翘边等现象。

7. 保护层施工

卷材铺贴完成并经检验合格后，方可进行保护层施工。保护层材料以设计为准。可采用浅色涂料，也可采用刚性材料。保护层施工前，应将卷材表面清扫干净。涂料层应与卷材粘结牢固、厚薄均匀，不得漏涂。如卷材本身采用绿页岩片覆面时，这种卷材防水层不必另做保护层。

8. 成品保护

（1）已铺贴好的卷材防水层应采取措施进行保护，严禁在防水层上进行施工作业和运输，并应及时做防水层的保护层。

（2）对穿过屋面、墙面防水层处的管位，防水层施工完工后不得再变更和损坏。

（3）屋面变形缝、水落口等处，施工中应进行临时塞堵和挡盖，以防落杂物。屋面及时清理，施工完成后将临时堵塞、挡盖物及时清除，保证管内畅通。

（4）屋面施工时，不得污染墙面、檐口侧面及其他已施工完的成品。

（二）特殊部位卷材施工

1. 排气屋面做法

当屋面保温层或找平层含水率较大（>10%），干燥有困难而又急需铺设屋面卷材时，则应采用排气屋面，其排气槽与排气孔可使基层（包括隔热层和找平层）中多余的水分通过排气孔道排除，消除使卷材起鼓的内在因素。

（1）保温层排气屋面。保温层排气屋面是在保温层内与山墙平行每隔 1.5～2m 预留 6～8cm 宽的排气槽，内填干泡沫混凝土碎块或松散炉渣、蛭石、膨胀珍珠岩等，并在上面干铺 30cm 的油毡条（一面点贴），如图 2-19（a）所示；或仅将保温层排气支槽宽度改为 3～4cm，间距增密至 1.0～1.5m，槽内不填松散材料，如图 2-19（b）所示。

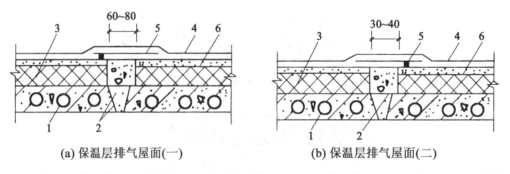

(a) 保温层排气屋面(一)　　　　(b) 保温层排气屋面(二)

1—屋面板；2—排气槽；3—保温层；4—屋面卷材层；5—单边点贴油毡条300mm 宽；6—砂浆找平层

图 2-19

（2）找平层排汽屋面。在砂浆找平层内每隔 1.5~2m 留 3cm 宽的排气槽，如图 2-20 所示。

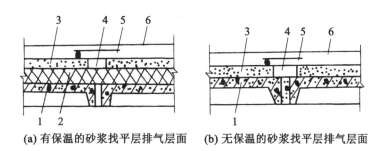

(a) 有保温的砂浆找平层排气层面　　**(b) 无保温的砂浆找平层排气层面**

1—屋面板；2—保温层；3—砂浆找平层；4—排气槽；5—卷材附加层；6—卷材防水层

图 2-20　找平层排气屋面

（3）油毡排气屋面。屋面无保温层或处于日夜温差较大地区，应根据风力及屋面坡度大小等因素，采用条铺、花铺、空铺第一层卷材或增加油毡条带方法，利用油毡与基层之间的空隙作排气道，如图 2-21 所示。

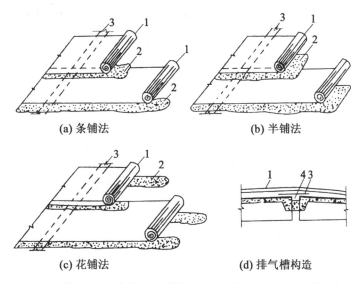

(a) 条铺法　　　　　　　　　　　　**(b) 半铺法**

(c) 花铺法　　　　　　　　　　　　**(d) 排气槽构造**

1—油毡；2—沥青胶；3—附加 200mm 宽油毡条；4—排气槽

图 2-21　油毡排气屋面铺法

（4）檐口、屋脊等处的排气措施。保温层及找平层等排气屋面在檐口处要设排气孔与大气连通，如图 2-22 所示。

当屋面跨度较大（大于 6m），除在檐口设排气孔外，另在屋脊部位增设排气道和排气帽或排气窗，间距 6m，如图 2-23 所示。

当大型屋面板无保温层和不做砂浆找平层时（仅局部找平），直接利用预制屋面板缝处作排气槽和排气孔，如图 2-24 所示。

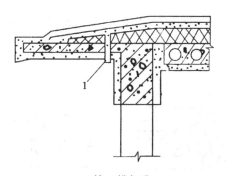

1—檐口排气孔

图 2-22　摊气孔与大气连通

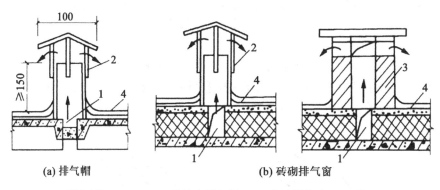

(a) 排气帽　　　　　　(b) 砖砌排气窗

1—排气道；2—φ80mm 的铁皮排气帽；3—半砖排气窗；4—铺油毡

图 2-23　排气帽、排气窗做法

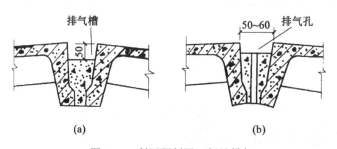

(a)　　　　　　　　　　(b)

图 2-24　利用预制屋面板缝排气

采用条铺、花铺、空铺法或增加卷材条带铺设第一层卷材时，在檐口、屋脊和屋面的转角处及突出屋面的连接处，至少应有 80mm 宽的卷材涂沥青胶材料，并宜用冷底子油打底，将卷材牢固地粘贴在基层上。卷材垂直屋脊铺设时，在屋脊部位，沿屋脊在找平层内预留通长的凹槽，其上铺（一面点贴）一层 30cm 宽卷材条，作为防水层内的排气道，其上每隔 6m 安装排气帽或排气窗。

（5）阴阳角（采用涂料增强）。阴阳角处的基层涂胶后要用密封膏涂封，宽度为距转角每边 100mm，再铺一层卷材附加层，附加层卷材剪成如图 2-25 所示的形状。铺贴后，剪缝处用密封膏封固。

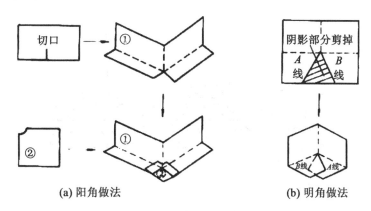

(a) 阳角做法　　　　　　　　(b) 明角做法

图 2-25　阴阳角卷材剪贴方法

2. 几处特殊部位卷材施工。

（1）天沟与屋面的连接处各层卷材的搭接方法如图 2-26 所示。

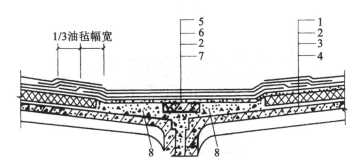

1—屋面油毡防水层搭接；2—砂浆找平层；3—保温层；4—预制钢筋混凝土屋面板；
5—天沟油毡防水层；6—天沟油毡附加层；7—预制混凝土薄板；8—天沟部分轻质混凝土

图 2-26　天沟与屋面的连接处各层卷材的搭接方法

内部排水的水落口杯应牢牢固定在承重结构上，所有零件均应预先除净铁锈，并涂刷防锈漆。连接水落口的各层卷材和附加层均应粘贴在水落口杯上，并用漏斗罩底盘压紧，底盘与卷材间应涂沥青胶结材料，压紧的宽度至少为 100mm，底盘周围应用沥青胶结材料填平。水落口杯与竖管承口的连接处，应用掺有纤维的沥青填料堵塞，以防漏水。

（2）薄钢板檐口的下部应做好滴水，上部应做好保护棱，伸入屋面的薄钢板至保护棱的宽度不得小于 100mm，卷材应紧密地与保护棱相衔接，接缝处应用油膏或掺有纤维的沥青填料仔细填封至与保护棱平齐。用薄钢板包檐时，不得在泄水的竖向表面上钉钉子。薄钢板盖檐或包檐，应用"T"形或"F"形铁承托，并与其扣紧，以防被大风掀起，如图 2-27 所示。

（3）混凝土檐口宜留凹槽，如图 2-28 所示。

当混凝土檐口板较厚时，也可在檐口板内预埋木砖。卷材端部应固定在凹槽内并用玛蹄脂或油膏封严，如图 2-29 所示。施工时，注意不污染檐口的外侧面和墙面。

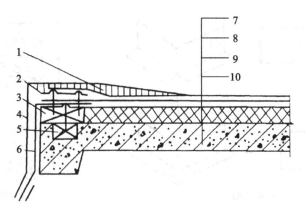

1—玛蹄脂或油膏；2—保护棱；3—通长防腐术条；4—薄钢板包檐；5—防腐木砖；6—倒 L 形铁；
7—卷材防水层；8—砂浆找平层；9—保温层；10—现浇混凝土屋面

图 2-27　薄钢板檐口

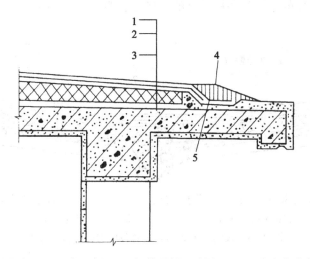

1—卷材防水层；2—保温层；3—钢筋混凝土基层；4—玛蹄脂或油膏填嵌；
5—细石混凝土或砂浆做成凹槽

图 2-28　混凝土檐口（一）

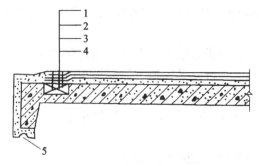

1—沥青玛蹄脂或油膏填嵌；2—20mm×0.5mm 薄钢板压紧油毡并钉牢；3—防腐木条；
4—防腐木转；5—滴水

图 2-29　混凝土檐口（二）

3. 屋面与突出屋面结构的连接处

贴在立面上的卷材高度不宜小于 250mm，一般可用叉接法与屋面卷材层相连接。每幅卷材贴好后，应立即将卷材上端固定在墙上。当用薄钢板泛水覆盖时，应用钉子将泛水与卷材层的上端钉牢在墙内的预埋木砖上，泛水上部与墙间的缝隙应用沥青砂浆填平，并将钉帽盖住。当用其他泛水时，卷材上端应用沥青砂浆封盖严密。在砌筑变形缝的附加墙以前，缝口应用伸缩片覆盖，附加墙砌好后，缝内应填以沥青麻丝，上部应用钢筋混凝土盖板或可伸缩的镀锌薄钢板盖住。钢筋混凝土盖板的接缝，可用油膏嵌封。镶嵌木条的凹槽，应在砌砖时预留。屋面与墙面连接处卷材的铺贴如图 2-30 所示。

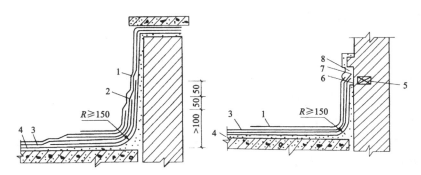

1—卷材附加层；2—油毡搭接部分；3—卷材防水层；4—水泥砂浆找平层；5—防腐木砖；
6—防腐木条；7—20mm×0.5mm 薄铁片压住卷材并钉牢；8-水泥或沥青砂浆封严
图 2-30　屋面与墙面连接处卷材的铺贴

（三）卷材防水层的质量检验及验收

1. 卷材防水层有关规定

（1）卷材防水层适用于防水等级为 Ⅰ～Ⅳ 级的屋面防水。

（2）卷材防水层应采用高聚物改性沥青防水卷材、合成高分子防水卷材或沥青防水卷材。所选用的基层处理剂、接缝胶粘剂、密封材料等配套材料应与铺贴的卷材材性相容。

（3）在坡度大于 25% 的屋面上采用卷材做防水层时，应采取固定措施，固定点应密封严密。

（4）铺设屋面隔汽层和防水层前，基层必须干净、干燥。干燥程度的简易检验方法是：将 1m² 卷材平坦地干铺在找平层上，静置 3～4 小时后掀开检查，找平层覆盖部位与卷材间无水印即可铺设。

（5）卷材铺贴方向应符合下列规定：

①屋面坡度小于 3% 时，卷材宜平行屋脊铺贴；

②屋面坡度在 3%～15% 时，卷材可平行或垂直屋脊铺贴；

③屋面坡度大于 15% 或屋面受震动时，沥青防水卷材应垂直屋脊铺贴，高聚物改性沥青防水卷材和合成高分子防水卷材可平行或垂直屋脊铺贴；

④上下层卷材不得相互垂直铺贴。

（6）卷材厚度选用应符合表 2-8 的规定。

表 2-8   卷材厚度选用

屋面防水等级	设防道数	合成高分子防水卷材	高聚物改性沥青防水卷材	沥青防水卷材
I 级	三道或三道以上设防	不应小于 1.5mm	不应小于 3mm	
II 级	二道设防	不应小于 1.2mm	不应小于 3mm	
III 级	一道设防	不应小于 1.2mm	不应小于 4ram	三毡四油
IV 级	一道设防			二毡三油

（7）冷粘法铺贴卷材应符合下列规定：

①胶粘剂涂刷应均匀，不露底，不堆积；

②根据胶粘剂的性能，应控制胶粘剂涂刷与卷材铺贴的间隔时间；

③铺贴的卷材下面的空气应排尽，并辊压粘结牢固；

④铺贴卷材应平整顺直，搭接尺寸准确，不得扭曲、皱折；

⑤接缝口应用密封材料封严，宽度不应小于 10mm。

（8）热熔法铺贴卷材应符合下列规定：

①火焰加热器加热卷材应均匀，不得过分加热或烧穿卷材；厚度小于 3mm 的高聚物改性沥青防水卷材严禁采用热熔法施工；

②卷材表面热熔后应立即滚铺卷材，卷材下面的空气应排尽，并辊压粘结牢固，不得空鼓；

③卷材接缝部位必须溢出热熔的改性沥青胶；

④铺贴的卷材应平整顺直，搭接尺寸准确，不得扭曲、皱折。

（9）自粘法铺贴卷材应符合下列规定：

①铺贴卷材前基层表面应均匀涂刷基层处理剂，干燥后应及时铺贴卷材；

②铺贴卷材时，应将自粘胶底面的隔离纸全部撕净；

③卷材下面的空气应排尽，并辊压粘结牢固；

④铺贴的卷材应平整顺直，搭接尺寸准确，不得扭曲、皱折；搭接部位宜采用热风加热，随即粘贴牢固；

⑤接缝口应用密封材料封严，宽度不应小于 10mm。

（10）卷材热风焊接施工应符合下列规定：

①焊接前卷材的铺设应平整顺直，搭接尺寸准确，不得扭曲、皱折；

②卷材的焊接面应清扫干净，无水滴、油污及附着物；

③焊接时应先焊长边搭接缝，后焊短边搭接缝；

④控制热风加热温度和时间，焊接处不得有漏焊、跳焊、焊焦或焊接不牢现象；

⑤焊接时不得损害非焊接部位的卷材；

（11）沥青玛蹄脂的配制和使用应符合下列规定：

①配制沥青玛蹄脂的配合比应视使用条件、坡度和当地历年极端最高气温，并根据所用的材料经试验确定；施工中应按确定的配合比严格配料，每工作班应检查软化点和柔韧性；

②热沥青玛蹄脂的加热温度不应高于 240℃，使用温度不应低于 190℃；

③冷沥青玛蹄脂使用时应搅匀，稠度太大时可加少量溶剂稀释搅匀；

④沥青玛蹄脂应涂刮均匀，不得过厚或堆积。粘结层厚度：热沥青玛蹄脂宜为 1~1.5mm，冷沥青玛蹄脂宜为 0.5~1mm；面层厚度：热沥青玛蹄脂宜为 2~3mm，冷沥青玛蹄脂宜为 1~1.5mm；

（12）天沟、檐沟、檐口、泛水和立面卷材收头的端部应裁齐，塞入预留凹槽内，用金属压条钉压固定，最大钉距不应大于 900mm，并用密封材料嵌填封严。

（13）卷材防水层完工并经验收合格后，应做好成品保护。保护层的施工应符合下列规定：

①绿豆砂应清洁、预热、铺撒均匀，并使其与沥青玛蹄脂粘结牢固，不得残留未粘结的绿豆砂；

②云母或蛭石保护层不得有粉料，应铺撒均匀，不得露底，多余的云母或蛭石应清除；

③水泥砂浆保护层的表面应抹平压光，并设表面分格缝，分格面积宜为 1m²；

④块体材料保护层应设分格缝，分格面积不宜大于 100m²，分格缝宽度不宜小于 20mm；

⑤细石混凝土保护层，混凝土应密实，表面抹平压光，并留设分格缝，分格面积不大于 36m²；

⑥浅色涂料保护层应与卷材粘结牢固，厚薄均匀，不得漏涂；

⑦水泥砂浆、块材或细石混凝土保护层与防水层之间应设置隔离层；

⑧刚性保护层与女儿墙、山墙之间应预留宽度为 30mm 的缝隙，并用密封材料嵌填严密。

2. 卷材防水层质量控制、检验与验收

（1）主控项目：

①卷材防水层所用卷材及其配套材料，必须符合设计要求。检验方法：检查出厂合格证、质量检验报告和现场抽样复验报告。

②卷材防水层不得有渗漏或积水现象。检验方法：雨后或淋水、蓄水检验。

③卷材防水层在天沟、檐沟、檐口、水落口、泛水、变形缝和伸出屋面管道的防水构造，必须符合设计要求。检验方法：观察检查和检查隐蔽工程验收记录。

（2）一般项目：

①卷材防水层的搭接缝应粘（焊）结牢固，密封严密，不得有皱折、翘边和鼓泡等缺陷；防水层的收头应与基层粘结并固定牢固，缝口封严，不得翘边。检验方法：观察检查。

②卷材防水层上的撒布材料和浅色涂料保护层应铺撒或涂刷均匀，粘结牢固；水泥砂浆、块材或细石混凝土保护层与卷材防水层间应设置隔离层；刚性保护层的分格缝留置应符合设计要求。检验方法：观察检查。

③排汽屋面的排汽道应纵横贯通，不得堵塞。排汽管应安装牢固，位置正确，封闭严密。检验方法：观察检查。

④卷材的铺贴方向应正确，卷材搭接宽度的允许偏差为 10mm。检验方法：观察和尺量检查。

（3）验收文件和记录。以下验收文件和记录不仅适用于卷材防水层验收，而且适用于找平层、保温层验收：

①设计图纸及会审记录、设计变更通知和材料代用核定单；

②施工方案；

③技术交底记录；

④材料质量证明文件包括出厂合格证、质量检验报告和试验报告；

⑤分项工程质量验收记录、隐蔽工程验收记录、施工检验记录、淋水或蓄水检验记录；

⑥施工日志；

⑦工程检验记录，卷材防水层检验批质量验收记录，见表2-9；

⑧其他技术资料等。

表 2-9　　　　　　　　　**卷材防水层检验批质量验收记录（摘自 GB50207—2002）**

单位（子单位）工程名称								
分部（子分部）工程名称					验收部位			
施工单位					项目经理			
分包单位					分包项目经理			
施工执行标准名称及编号								
施工质量验收规范的规定				施工单位检查评定记录				监理（建设）单位验收记录
主控项目	1	卷材及配套材料质量	设计要求					
	2	卷材防水层	第4.3.16条					
	3	防水缩部构造	第4.3.17条					
一般项目	1	卷材搭接缝与收头质量	第4.3.18条					
	2	卷材保护层	第4.3.19条					
	3	排汽屋面孔道留置	第4.3.20条					
	4	卷材铺贴方向	铺贴方向正确					
	5	搭接宽度允许偏差	−10mm					
施工单位检查评定结果		专业工长（施工员）			施工班组长			
		项目专业质量检查员：　　　　　　　年　月　日						
监理（建设）单位验收结论		专业监理工程师： (建设单位项目专业技术负责人)：　　　年　月　日						

（四）屋面卷材防水质量通病及防治措施

1. 屋面找平层通病及防治措施

（1）找坡不准，排水不畅。

①特征：找平层施工后，在屋面上容易发生局部积水现象，尤其在天沟、檐沟和水落口周围，下雨后积水不能及时排出。

②原因分析：

a. 屋面出现积水主要是排水坡度不符合设计要求。

b. 天沟、檐沟似向坡度在施工操作时控制不严，造成排水不畅。

c. 水落管内径过小，屋面垃圾、落叶等杂物未及时清扫。

③预防措施：

a. 根据建筑物的使用功能，在设计中应正确处理分水、排水和防水之间的关系。平屋面宜由结构找坡，其坡度宜为3%；当采用材料找坡时，宜为2%。

b. 天沟、檐沟的纵向坡度不应小于1%；沟底水落差不得超过200mm；水落管内径不应小于75mm，1根水落管的屋面最大汇水面积宜小于200m^2。

c. 屋面找平层施工时，应严格按设计坡度拉线，并在相应位置上设基准点（冲筋）。

d. 屋面找平层施工完成后，对屋面坡度、平整度应及时组织验收。必要时，可在雨后检查屋面是否积水。

e. 在防水层施工前，应将屋面垃圾与落叶等杂物清扫干净。

（2）水泥砂浆找平层起砂、起皮。

①特征：找平层施工后，屋面表面出现不同颜色和分布不均的砂粒，用手一搓，砂子就会分层浮起；用手击拍，表面水泥胶浆会成片脱落或有起皮、起鼓现象；用木锤敲击，有时还会听到空鼓的哑声。

找平层起砂、起皮是两种不同的现象，但有时会在一个工程中同时出现。

②原因分析：

a. 结构层或保温层高低不平，导致找平层施工厚度不均。

b. 配合比不准，使用过期和受潮结块的水泥；砂子含泥量过大。

c. 屋面基层清扫不干净，找平层施工前基层未刷水泥净浆。

d. 水泥砂浆搅拌不均，摊铺压实不当，特别是水泥砂浆在收水后未能及时进行二次压实和收光。

e. 水泥砂浆养护不充分，特别是保温材料的基层，更易出现水泥水化不完全的问题。

③预防措施：

a. 严格控制结构或保温层的标高，确保找平层的厚度符合设计要求。

b. 应采用不低于32.5级的合格水泥，小厂出厂的水泥应抽检其安定性。

c. 应采用中砂（0.35~0.5mm），其含泥量不大于3%。

d. 严格控制水灰比（0.55）和搅拌时间。

e. 应在水泥砂浆初凝前抹光，终凝前压光。

f. 及时养护，不得过早或过晚。当手压砂浆不粘、无压痕时即应覆盖草袋养护，每日洒水不少于3次，养护时间不少于7天。

g. 养护期间不得上人。

（3）沥青砂浆找平层起壳、粘结不牢。

①特征：沥青砂浆找平层施工后，屋面形成拱起、起壳与底层脱离，形成空鼓，表面有蜂窝。

②原因分析：

a. 施工前基层清理不干净。

b. 沥青砂浆配比不合格。

c. 沥青砂浆找平层施工时温度条件不合要求。

d. 施工时，找平层表面压抹不实。

③预防措施：

a. 仔细清扫基层表面。

b. 沥青砂浆应按配比要求严格配料，并应混合均匀。

c. 沥青砂浆的成活温度不能太低。

d. 沥青砂浆每层摊铺后的压实厚度不得大于 30cm。

e. 摊铺时及时刮平，振实或压实至表面平整、稳定、无明显压痕，不易振实或压实之处，可用热烙铁拍实。

f. 摊铺时，尽量不留施工缝。不可避免时，可留斜槎，并拍实。接槎时，用沥青砂浆覆盖预热 10min，然后清除，再涂一道热沥青，接槎处必须紧密、平顺，烫缝不应枯焦。

（4）找平层开裂。

①特征：找平层出现无规则的裂缝，裂缝一般分为断续状和树枝状两种，裂缝宽度一般在 0.2~0.3mm 以下，个别可达 0.5mm 以上，出现时间主要发生在水泥砂浆施工初期至 20d 左右龄期内。还有一种是在找平层上出现横向有规则裂缝，这种裂缝往往是通长和笔直的，裂缝间距在 4~6m。

②原因分析：找平层上出现无规则裂缝与下述因素有关：

a. 在保温屋面中，如采用水泥砂浆找平层，其刚度和抗裂性明显不足。

b. 在保温层上采用水泥砂浆找平，两种材料的线膨胀系数相差较大，且保温材料容易吸水。

c. 找平层的开裂还与施工工艺有关，如抹压不实、养护不良等。

③预防措施：在屋面防水等级为Ⅰ、Ⅱ级的重要工程中，可采取如下措施：

a. 对于整浇的钢筋混凝土结构基层，一般应取消水泥砂浆找平层，这样可省去找平层的工料费，也可保持有利于防水效果的施工基面。

b. 对于保温屋面，在保温材料上必须设置 35~40mm 厚的 C20 细石混凝土找平层。

c. 对于装配式钢筋混凝土结构板，应先将板缝用细石混凝土灌缝密实，板缝表面（深约 20mm）宜嵌填密封材料。为了使基层表面平整，并有利于防水施工，此时也宜采用 C20 的细石混凝土找平层，厚度为 30~35mm。

找平层应设分格缝，分格缝宜设在板端处，其纵横的最大间距：水泥砂浆或细石混凝土找平层不宜大于 6m（根据实际观察最好控制在 5m 以下），沥青砂浆找平层不宜大于 4m。水泥砂浆找平层分格缝的缝宽宜小于 10mm，如分格缝兼作排汽屋面的排汽时，可适当加宽为 20mm，并应与保温层相连通。

2. 屋面保温层通病及防治措施

（1）松散材料保温层质量通病。

①特征：

a. 保温材料颗粒过大或过小。

b. 保温层厚薄不匀。

c. 保温层含水率过高。

d. 屋面保温层坡度不当。

e. 保温屋面卷材起鼓。

②原因分析：

a. 使用前未严格按标准选择和抽样检查；保温材料中混入石块、土块等杂物。

b. 铺设松散材料时未设隔断，无法找平造成堆积过高；抹砂浆找平层时，挤压了保温层，造成厚薄不均。

c. 松散保温材料进场后保管不善，雨淋受潮；铺好屋面保温层后突然降雨将保温层淋湿。

d. 未按设计要求铺出坡度，或未向出水口、水漏斗方向做出坡度，造成屋面积水；工人操作不认真，未按坡度标志线找出坡度。

e. 保温层和找平层未充分干燥，含水量过大；保温层和找平层中的水分和气体遇热蒸发，在油毡上造成起鼓。

③预防措施：

a. 使用保温材料时，应选用最佳热阻值的粒级；保温材料中大颗粒或粉状颗粒含量过多，应在使用前过筛；采用合格保温材料予以更换。

b. 不论平屋面或坡屋面均应分层、分隔铺设，做砂浆找平层时，宜在松散材料上放置 100mm 网目铁丝筛，然后在上面均匀摊铺砂浆并刮平，最后取出铁丝筛抹平压光。

c. 材料进场妥善保管防止受潮；保温材料含水量过大或经防腐处理的有机保温材料，必须晾晒干燥后方可使用；找平层已做好后，如发现保温层含水量过大，可在找平层和防水层上留出排气孔道，做成排气屋面。

d. 严格按坡度标志线进行铺设；屋面做完，发现坡度不当积水时，应用沥青砂浆找垫；若因出水口过高或天沟倒坡，应降低出水口或对天沟坡度进行翻修处理。

e. 不得在雨、雪天或下雾天施工，且基层含水率不得大于 8%；在保温层中留设排气孔，做成排气屋面。

（2）整体式保温层质量通病。

①特征：

a. 保温材料粒形不好。

b. 保温层强度不够。

c. 保温层厚度不够。

d. 沥青胶搅拌不均匀（拌和料色泽不匀）。

e. 保温层表面不平（偏差超过 5mm）。

②原因分析：

a. 使用的膨胀珍珠岩、蛭石是次品，炉渣未过筛，粉末未清除；采用机械拌和，将膨胀珍珠岩或蛭石粒径破坏。

b. 水泥强度等级不够或水泥安定性不合格，水泥用量不够或拌和不均；抹砂浆找平层时，车载过重，压坏了整体保温层。

c. 铺设保温层时，未设定标尺或施工前未确定虚实比，压实过度；保温层铺好后，直接在上面行人过车，将其踩压结实，厚度减薄。

d. 沥青标号不对，搅拌时温度过低。

膨胀蛭石（珍珠岩）片状和粉末含量高，增大材料表面积，不能全部裹上沥青，配比不对，掺量不足。

e. 铺保温层时，摊铺厚度不均匀，没及时赶平就进行碾压；碾压过程中，碾磙表面吸热温度升高，出现粘碾现象。

③预防措施：

a. 使用膨胀珍珠岩、蛭石应符合规定材料标准，并应有出厂证明。水泥膨胀珍珠岩、膨胀蛭石宜采用人工搅拌，并应拌和均匀；炉渣中粉末过多，应过细筛，将粉末清除。

b. 水泥进厂要严格检验，严格按配合比施工；整体保温层随铺随抹砂浆找平层，分隔施工；使用小车运料时应铺垫脚手板，避免车轮直接压在保温隔热层上。

c. 施工时必须设定标尺，并确定虚铺厚度和压实比例；保温层铺好后，不得直接在上面行人过车或堆放重物；若发现厚度不足，在承载力允许条件下，应抹一层同配合比保温材料至规定厚度。

d. 用热沥青拌和时宜采用 30 号沥青，或再加适量 60 号沥青，沥青软化点调高到 80℃左右；沥青熔化熬制温度不低于 180℃，松散保温材料预热到 110℃左右，拌和 2.5~3 分钟；严格控制膨胀蛭石（珍珠岩）材料质量，使用前必须做配合比试验。

e. 按保温层厚度设定标尺，随铺摊材料，随趁热用刮杆将材料刮平；准备 2~3 个碾磙，发现粘碾，立即换冷碾磙；表面不平时，可用热沥青拌和料将表面凹陷处填补平整。

（3）板块保温层质量通病。

①特征：

a. 板状保温制品含水率过大。

b. 板状制品铺设不平（相邻两块高差大于 3mm）。

c. 板状保温制品强度不足或破碎（板状制品缺棱、掉角、破碎）。

②原因分析：

a. 保温材料吸水率大，制品成型时含水量过多；在铺好的保温层上抹砂浆找平层时，浇水过多。

b. 屋面板表面不平；保温板块不规格，厚度差异过大；操作不精细，吊装板时垫灰厚度不均匀。

c. 板状保温制品本身强度低、质量差；运输过程中未严格按要求操作；施工车辆碾压、人员踩踏；用破碎制品铺设保温层时，未仔细对缝拼严，造成砂浆大量流入缝隙中。

③预防措施：

a. 材料进场严格进行质量检验，并尽量堆码在室内；若堆在室外，下面应垫板应遮盖防雨设施；抹砂浆找平层时，用喷壶洒水湿润，不得用胶管浇水；在水泥砂浆中掺加减水剂，减少用水量；保温层充分干燥到允许含水率，再做防水层。

b. 严格控制安装后板的上面平整度；严格控制保温板块规格质量，厚度要求一致；铺设保温板块时上口要挂线，以控制坡度和平整度。

c. 自制板状保温材料时，确定合适的配合比、压缩比以提高强度；板状保温材料在运输中要加以包装，避免随意搬挪；用破碎制品铺设保温层时，缝隙应用与制品相同的材料填补，不能用水泥砂浆填补。

3. 卷材沥青防水层通病及防治措施

（1）卷材开裂。

①特征：沿预制板支座、变形缝、挑檐处出现规律性或不规则裂缝。

②原因分析：

a. 屋面板板端或屋架变形，找平层开裂。

b. 基层温度收缩变形。

c. 吊车振动和建筑物不均匀沉陷。

d. 卷材质量低劣，老化脆裂。

e. 沥青胶韧性差，发脆，熬制温度过高，老化。

③预防措施：在预制板接缝处铺一层卷材作为缓冲层；做好砂浆找平层；留分格缝；严格控制原材料和铺设质量，改善沥青胶配合比；控制耐热度和提高韧性，防止老化，严格认真操作，采取撕油法粘贴。

（2）流淌。

①特征：沥青胶软化，使卷材移动而形成褶皱或被拉空，沥青胶在下部堆积或流淌。

②原因分析：

a. 沥青胶的耐热度使用过低，天热软化。

b. 沥青胶涂刷过厚，产生蠕动。

c. 未做绿豆砂保护层，或绿豆砂保护层脱落，辐射温度过高，引起软化。

d. 屋面坡度过陡，而采用平行屋脊铺贴卷材。

③预防措施：根据实际最高辐射温度、厂房内热源、屋面坡度合理选择沥青胶耐热度，控制熬制质量和涂刷厚度，（小于 2mm），做好绿豆砂保护层，减低辐射温度；屋面坡度过陡，避免平行屋脊铺贴卷材，逐层压实。

（3）鼓泡和起泡。

①特征：防水层出现大量大小不等的鼓泡、气泡，局部卷材与基层或下层卷材脱空。

②原因分析：

a. 屋面基层潮湿，未干就刷冷底子油或铺卷材，基层窝有水分或卷材受潮，在受到太阳照射后，水汽蒸发，体积膨胀，造成鼓泡。

b. 基层不平整，粘贴不实，空气没有排净。

c. 卷材铺贴扭歪、皱褶不平，或刮压不紧，雨水潮气浸入。

③预防措施：

a. 严格控制基层含水率在 6% 以内，避免雨、雾天施工，防止卷材受潮。

b. 加强操作程序和控制，保证基层平整，涂油均匀，封边严密，各层卷材粘贴平顺严实。

c. 潮湿基层上铺设卷材，采取排气屋面做法。

（4）老化与龟裂。

①特征：沥青胶出现变质、发脱、龟裂等情况。

②原因分析：

a. 沥青胶的标号选用过低。

b. 沥青胶配制时，熬制温度过高，时间过长，沥青碳化。

c. 沥青胶涂刷过厚。

d. 未做绿豆砂保护层，或绿豆砂铺撒不匀。

③预防措施：

a. 根据屋面坡度、极端最高温度，合理选择沥青胶的标号，逐锅检验软化点。

b. 严格控制沥青胶的熬制和使用温度，熬制时间不要过长。

c. 做好绿豆砂保护层，免受大气作用，做好定期维护检修。

（5）卷材屋面大面积积水。

①特征：当下过雨后，在一些平屋顶的卷材屋面上，出现一片一片的低洼积水，长期不能排走，容易造成防水层腐烂，最后导致屋面渗漏。

②原因分析：主要是由于保温层铺设不平整，尤其是找平层施工时未按规定进行贴饼、挂线、冲筋，造成找平层表面凸凹不平，致使卷材防水层铺贴后也出现表面不平整。

③预防措施：对于平屋顶严重积水或已经出现防水层腐朽，应撕去该部分卷材，露出原有找平层，补抹水泥砂浆至平整后，再用相同种类的卷材铺贴严密，注意新旧卷材要采用叉接法搭接，接缝应顺水流方向；如是小量积水，也可直接在防水层上用沥青砂浆填补平整。

（6）卷材施工后破损。

①特征：在施工过程中，发现卷材有不规则的机械性损伤；或在高温时，卷材防水层出现有规则的外伤。

②原因分析：

a. 基层清扫不干净，在防水层内残留砂粒或小石子。

b. 施工人员穿带钉的鞋子操作。

c. 卷材防水层上做刚性材料保护层时，运输小车（如手推车）直接将砂浆或混凝土材料倾倒在防水卷材上。

d. 架空隔热屋面施工时，直接在防水卷材上砌筑砖墩或砖地垄墙，在高温时，因温度变形易将砖支墩处的卷材拉破。

③预防措施：

a. 卷材防水层施工前应进行多次清扫，铺贴卷材前还应检查有否残存的砂石粒屑；遇五级以上大风时应停止施工，防止脚手架上或上一层建筑物上刮下灰砂。

b. 施工人员必须穿软底鞋操作，无关人员不准在铺好的防水层上随意行走或踩踏。

c. 在卷材防水层上做保护层时，运输材料的手推车必须包裹柔软的橡胶或麻布；在倾倒砂浆或混凝土材料时，其运输通道上必须铺设木垫板，以防损坏卷材防水层。

d. 在卷材防水层上铺砌架空屋面的砖墩（支座）时，应在砖墩下加垫一方块卷材，并要均匀地铺砌砖墩，堆置与安装隔热板时，要轻拿轻放，防止损坏已完工的卷材防水层。

4. 高聚物改性沥青卷材防水层通病及防治措施

（1）搭接缝过窄或粘结不牢。

①特征：用高聚物改性沥青卷材做屋面防水层时，一般均为单层铺贴，所以卷材之间的搭接缝是防水的薄弱环节。如搭接缝宽度过小（满粘法小于80mm空铺、点粘、条粘小于100mm）或者接缝粘结不牢，就易出现开口翘边，导致屋面渗漏。

②原因分析：

a. 采用热熔法铺贴高聚物改性沥青防水卷材时，未事先在找平层上弹出控制线，致使搭接缝宽窄不一。

b. 热熔粘贴时未将搭接缝处的铝箔烧净，铝箔成了隔离层，使卷材搭接缝粘结不牢。

c. 粘贴搭接缝时未进行认真的排气、碾压。

d. 未按规范规定对每幅卷材的搭接缝口用密封材料封严。

③预防措施：当发现高聚物改性沥青卷材防水层的搭接缝未粘贴结实，已经张口，或用手就可轻轻沿搭接缝撕开时，最简单的处理方法就是卷材条盖缝法。具体做法是：沿搭接缝每边15cm范围内，用喷灯等工具将卷材上面自带的保护层（铝箔、PE膜等）烧尽，然后在上面粘贴一条宽30cm的同类卷材，分中压贴，如图2-22所示。每条盖缝卷材在一定长度内（约20m），应在端头留出宽约10cm的缺口，以便由此口排出屋面上的积水。

（2）卷材起鼓。

①特征：热熔法铺贴卷材时，因操作不当造成卷材起鼓。

②原因分析：因加热温度不均匀，致使卷材与基层之间不能完全密贴，形成部分卷材脱落与卷材铺贴时压实不紧，残留的空气未全部赶出。

③预防措施：

a. 高聚物改性沥青防水卷材施工时，火焰加热要均匀、充分、适度。在操作时，首先，持枪人不能让火焰停留在一个地方的时间过长，而应沿着卷材宽度方向缓缓移动，使卷材横向受热均匀。其次，要求加热充分，温度适中。再次，要掌握加热程度，以热熔后的沥青胶出现黑色光泽（此时沥青温度为200~230℃）、发亮并有微泡现象为度。

b. 趁热推滚，排尽空气。卷材被热熔粘贴后，要在卷材尚处于较柔软时，就及时进行滚压。滚压时间可根据施工环境、气候条件调节掌握。气温高，冷却慢，滚压时间宜稍迟；气温低，冷却快，滚压宜提早。另外，加热与滚压的操作要配合默契，使卷材与基层面紧密接触，排尽空气，而在铺压时用力又不宜过大，确保粘结牢固。

（3）转角、立面和卷材接缝处粘结不牢。

①特征：卷材铺贴后易在屋面转角、立面处出现脱空。在卷材的搭接缝处，还常发生粘结不牢、张口、开缝等缺陷。

②原因分析：

a. 高聚物改性沥青防水卷材厚度较大、质地较硬，在屋面转角以及立面部位（如女儿墙），因铺贴卷材比较困难，又不易压实，加之屋面两个方向变形不一致和自重下垂等因素，常易出现脱空与粘结不牢等现象。

b. 热熔卷材表面一般都有一层防粘隔离层，如在粘结搭接缝时，未能将隔离层用喷枪熔烧掉，是导致接缝处粘结不牢的主要原因。

③预防措施：

a. 基层必须做到平整、坚实、干净、干燥。

b. 涂刷基层处理剂，并要求做到均匀一致，无空白漏刷现象，但切勿反复涂刷。

c. 屋面转角处应按规定增加卷材附加层，并注意与原设计的卷材防水层相互搭接牢固，以适应不同方向的结构和温度变形。

d. 对于立面铺贴的卷材，应将卷材收头固定于立墙的凹槽内，并用密封材料嵌填封严。

e. 卷材与卷材之间的搭接缝口，也应用密封材料封严，宽度不应小于10mm。密封材料应在缝口抹平，使其形成有明显的沥青条带。

5. 合成高分子卷材防水层通病及防治措施

(1) 合成高分子防水卷材粘结不牢。

①特征：合成高分子屋面防水层出现卷材与基层粘结不牢或没有粘结住，严重时，可能被大风掀起；或者卷材与卷材的搭边部分出现脱胶开缝，成为渗水通道，导致屋面渗漏。

②原因分析：

a. 卷材与基层、卷材与卷材间的胶粘剂品种选材不当，材性不相容。

b. 铺设卷材时的基层含水率过高。

c. 找平层强度过低或表面有油污、浮皮或起砂。

d. 卷材搭接缝未清洗干净。

e. 胶粘剂涂刷过厚或未等溶剂挥发就进行了粘合。

f. 未认真进行排气、滚压。

③预防措施：应针对不同的情况，选用不同的处理方法，见表2-10。

表 2-10 　　　　　　　　　　合成高分子防水卷材粘结不牢处理方法

处理方法	适用范围	具体做法
周边加固法	卷材与基层部分脱开，防水层四周与基层粘结较差	将防水层四周800mm范围内及节点处的卷材掀起，清洗干净后，重新涂刷配套的胶粘剂粘合缝口，用密封材料封严，宽度为10mm
栽钉处理法	基层强度低或表面起砂掉皮，有被大风掀起的可能	除按上述方法处理外，每隔500mm用水泥钉加垫片由防水层上钉入找平层中，钉帽用材性相容的密封材料封严
搭接缝密封法	防水层上的卷材搭接缝脱胶开口	将脱开的卷材掀起，清洗干净，用配套的卷材与卷材胶粘剂重新涂刷，溶剂挥发后进行粘合、排气、辊压，并用材性相容的密封材料封边，宽度为10mm

（2）合成高分子卷材防水层破损。

①特征：合成高分子防水卷材厚度均较薄，易被扎破形成孔洞，或被划破、撕裂、烧伤等。由于防水层局部破坏，雨水从破坏处渗入找平层及保温层中，导致屋面渗漏。

②原因分析：

a. 基层表面有残留砂浆、石屑等杂物未清理干净，铺上卷材后被踩踏，易将卷材扎破。

b. 防水层完工后，又在上面进行其他施工作业，且不注意成品保护。

c. 建筑物使用过程中，随意在屋面上增加设施，破坏了防水层。

d. 非上人屋面随意上人或堆放杂物，或饲养家禽，将屋面损坏。

③预防措施：

a. 如为扎破的小孔洞，可将孔洞周围清洗干净，用相同种类的合成高分子卷材和配套胶粘剂粘贴修补，四周再用材性相容的密封材料封严。

b. 如为划破或撕开，可沿撕裂部位重新涂刷胶粘剂与基层粘牢，缝口上面加铺一条宽 200mm 的相同种类卷材，四周用材性相容的密封材料封严，宽度为 10mm。

c. 如为成片损坏，应按照损坏部位面积大小，清理干净后重新铺贴相同种类的卷材，并注意新旧卷材的接槎宽度不小于 100mm，且应顺水流方向，四周用材性相容的密封材料封严，宽度为 10mm。

6. 屋面保护层通病及防治措施

（1）块体保护层拱起。

①特征：采用刚性块状材料作为保护层的屋面，局部拱起，影响使用，且易导致破坏防水层，造成屋面渗漏。

②原因分析：大面积屋面的刚性块状面层，四周铺至紧贴墙体，中间又未按规定留设分格缝，由于温度升高，块材膨胀，使屋面中部的块材拱起，尤其是在低温时铺设的屋面块体保护层，块体缝隙用水泥砂浆填勾密实时更为严重。

③预防措施：拆除已拱起的松动块材，重新坐浆铺好，并将其中一块切割，作为留设分格缝的宽度，四周靠女儿墙的块材可取下重做，并与女儿墙间留出 20mm 以上的宽度，缝中嵌填密封材料。

（2）水泥砂浆保护层开裂与起鼓。

①特征：水泥砂浆保护层起拱、开裂、形成空鼓等。

②原因分析：

a. 隔离层未做好。

b. 分格缝条处理不到位。

c. 砂浆铺设时未压实。

d. 砂浆保护层养护不好。

③预防措施：

a. 按设计要求做好隔离层。

b. 应拉线按分格面积 $1m^2$ 设置 "V" 形表面分格缝和与女儿墙、山墙间的 30mm 空隙，注意分格缝条与保护层同高。

c. 砂浆铺设时，注意用直尺找平，用木抹子压实、抹平，用铁抹子压光。

d. 及时养护，注意用密封材料嵌填表面分格缝及与女儿墙、山墙间的空隙。

四、防水卷材及胶粘剂的进场检验、储运、保管

（一）储运保管

1. 卷材的储存与保管

（1）不同品种、标号、规格和等级的产品应分别堆放。

（2）卷材应储存在阴凉通风的室内，避免雨淋、日晒和受潮，严禁接近火源和热源，沥青卷材储存环境温度不得高于45℃。

（3）卷材宜直立堆放，其高度不宜超过两层，并不得倾斜或横压，短运输平放不得超过4层；应避免与化学介质及有机溶剂等有害物质接触。

2. 卷材胶粘剂的储存与保管

（1）不同品种、规格的产品应分别用密封桶包装。

（2）胶粘剂应储存在阴凉通风的室内，严禁接近火源和热源。

（二）进场检验

材料进场后要对卷按规定取样复验，同一品种、牌号和规格的卷材、抽验数量为：大于1000卷抽取5卷；每500~1000卷抽4卷；100~499卷抽3卷；100卷以下抽2卷。将抽验的卷材开卷进行规格和外观质量检验。在外观质量检验合格的卷材中，任取1卷作物理性能检验，全部指标达到标准规定时，即为合格。其中如有1项指标达不到要求，应在受检产品中加倍取样复验，全部达到标准规定为合格。复验时有1项不合格，则判定该产品不合格。不合格的防水材料严禁在建筑工程中使用。

（三）检验项目

卷材及胶粘剂的检验项目见表2-11。

表2-11 **卷材及胶粘剂检验项目**

序号	材料品种	检验项目
1	合成高分子卷材	断裂拉伸强度、扯断伸长率、低温弯折、不透水性
2	改性沥青卷材	拉力、最大拉力时延伸率、耐热度、低温柔度、不透水性
3	沥青卷材	纵向拉力、耐热度、柔度、不透水性
4	金属卷材	拉伸强度、扯断伸长率
5	膨润土防水毯	表观密度、膨润度、透水系数
6	合成高分子胶粘剂	粘结剥离强度、浸水后粘结剥离强度保持率
7	改性沥青粘结剂	粘结剥离强度
8	胶粘带	粘结剥离强度、耐热度、低温柔性、耐水性

高聚物改性沥青防水卷材外观质量、规格和物理性能应符合表2-12、表2-13和表2-14的要求。

表 2-12 高聚物改性沥青卷材的外观质量要求

项目	外观质量要求
孔洞、缺边、裂口	不允许
边缘不整齐	不超过 10mm
胎体露白、未浸透	不允许
撒布材料粒度、颜色	均匀
每卷卷材的接头	不超过 1 处，较短的一段不应小于 1000mm，接头处应加长 150mm

表 2-13 高聚物改性沥青卷材规格

厚度（mm）	宽度（mm）	每卷长度（m）
2.0	≥1000	15.0～20.0
3.0	≥1000	10.0
4.0	≥1000	7.5
5.0	≥1000	5.0

表 2-14 高聚物改性沥青卷材的物理性能

项目	性能要求		
	聚酯毡胎体	玻纤胎体	聚乙烯胎体
拉力（N/50mm）	≥450	纵向≥350，横向≥250	≥100
延伸率（%）	最大拉力时，≥30	—	断裂时≥200
耐热度（℃，2h）	SBS 卷材 90，APP 卷材 110 无滑动、流淌、滴落		PEE 卷材 90 无流淌、起泡
低温柔度（℃）	SBS 卷材-18，APP 卷材-5，PEE 卷材-10		
不透水性 压力（MPa）	≥0.3	≥0.2	≥0.3
不透水性 保持时间（min）	≥0.3		

注：SBS——弹性体改性沥青卷材；APP——塑性体改性沥青防水卷材；PEE——改性沥青聚乙烯胎防水卷材。

合成高分子防水卷材的外观质量、规格和物理性能应符合表 2-15、表 2-16、表 2-17 的要求。

表 2-15　　　　　　　　　　　合成高分子卷材的外观质量要求

项　　　目	外观质量要求
折　　痕	每卷不超过 2 处，总长度不超过 20m
杂　　质	大于 0.5mm 颗粒不允许，每 1m² 不超过 9mm²
胶　　块	每卷不超过 6 处，每处面积不大于 4mm²
凹　　痕	每卷不超过 6 处，深度不超过本身厚度 30%；树脂类深度不超过 15%
每卷卷材的接头	橡胶类每 20m 不超过 1 处，较短的一段不应小于 3000mm，接头处应加长 150mm；树脂类 20m 长度内不允许有接头

表 2-16　　　　　　　　　　　合成高分子卷材规格

厚度（mm）	宽度（mm）	每卷长度（m）
1.0	≥1000	20.0
1.2	≥1000	20.0
1.5	≥1000	20.0
2.0	≥1000	10.0

表 2-17　　　　　　　　　　　合成高分子卷材的物理性能

项目		性能要求			
		硫化橡胶类	非硫化橡胶类	树脂类	纤维增强类
断裂拉伸强度（MPa）		≥6	≥3	≥10	≥9
扯断伸长率（%）		≥400	≥200	≥200	≥10
低温弯折	（℃）	-30	-20	20	-20
不透水性	压力（MPa）	≥0.3	≥0.2	≥0.3	≥0.3
	保持时间（min）	≥30			
加热收缩率（%）		<1.2	<2.0	<2.0	<1.0
热老化保持率 [（80±2）℃，168h]	断裂拉伸强度	≥80%			
	扯断伸长率	≥70%			

五、卷材防水屋面施工的安全技术措施

卷材防水屋面属高空作业，热沥青胶粘贴法和热熔法属高温施工，而且大部分防水材料易燃并含有一定的毒性，必须采取必要的措施，防止发生火灾、中毒、烫伤、坠落等工伤事故。

（1）施工前，应进行安全技术交底工作，施工操作过程应符合安全技术规定。

（2）皮肤病、支气管炎病、结核病、眼病以及沥青、橡胶刺激过敏的人员不得参加

操作。

（3）按有关规定配给劳保用品，合理使用，沥青操作人员不得赤脚或穿短袖衣服进行作业，应将裤脚、袖口扎紧，手不得直接接触沥青；接触有毒材料时需戴口罩和加强通风。

（4）操作时应注意风向，防止下风操作人员中毒、受伤，熬制沥青胶和配制冷底子油时，应注意控制沥青锅的容量和加热温度，防止烫伤。

（5）防水卷材和胶粘剂多数属易燃品，在存放的仓库以及施工现场内都要严禁烟火，如需明火，必须有防火措施。

（6）运输线路应畅通，各项运输设施应牢固可靠，屋面空洞及檐口应有安全措施。

（7）高空作业操作人员不得过分集中，必要时应系安全带。

（8）防水层施工时，不允许穿带钉子鞋的人员进入。

项目二 涂膜防水屋面施工

一、涂膜防水屋面构造

涂膜防水屋面主要适用于防水等级为Ⅲ级、Ⅳ级的屋面防水，也可作Ⅰ级、Ⅱ级屋面多道防水设防中的一道防水层。

在涂膜防水屋面节点处，如天沟、檐沟、檐口、泛水及水落口等防水薄弱的部位，应加铺一层或两层胎体增强材料的附加防水层，与此同时，对所有接缝采用密封材料进行嵌填，使之成为增强的涂膜防水层，以提高涂膜防水层的抗变形能力。常见涂膜屋面节点构造做法介绍如下：

（一）屋面板端缝

在板端缝处应设置空铺附加层，每边距板缝边缘不得小于80mm，在空铺附加层下利用聚乙烯薄膜空铺在板端缝上作缓冲层加以隔离，如图2-31所示。

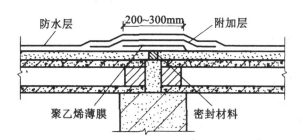

图2-31 屋面板端缝空铺附加层做法

（二）天沟、檐沟

天沟、檐沟与屋面交接处增设带胎体增强材料的空铺附加层，空铺宽度不应小于200mm，如图2-32所示。

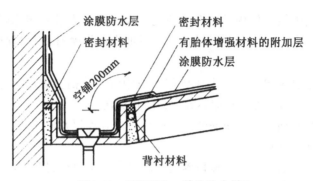

图 2-32　屋面天沟、檐沟防水做法

（三）檐口节点构造

无组织排水檐口的涂膜防水层收头应用防水涂料多遍涂刷或用密封材料封严，檐口下端应做滴水处理，如图 2-33 所示。

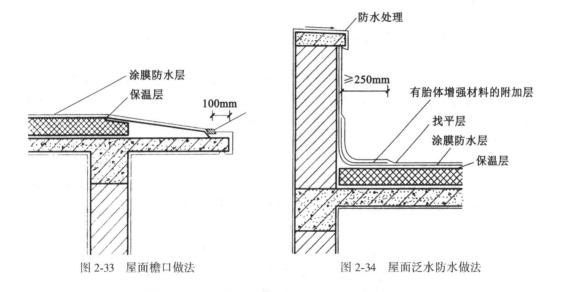

图 2-33　屋面檐口做法　　　　　　图 2-34　屋面泛水防水做法

（四）泛水节点构造

泛水处的涂膜防水层宜直接涂刷至女儿墙的压顶下，收头处理应用防水涂料多遍涂刷封严，并增设带胎体增强材料的附加层，压顶应做防水处理，如图 2-34 所示。

（五）变形缝节点构造

变形缝内应填充泡沫塑料，其上放衬垫材料，并用卷材封盖；顶部应加扣混凝土盖板或金属盖板，如图 2-35 所示。

（六）水落管口节点构造

水落管口处用 C20 细石混凝土找坡，再用 20mm 厚 1∶2 水泥砂浆抹面。水落管口周围用密封材料嵌严密，增设带胎体增强材料附加层做法与卷材防水层做法相同，如图 2-36 所示。

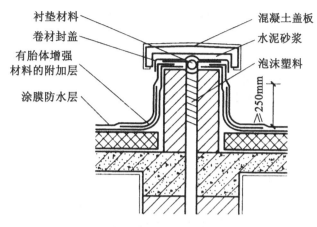

图 2-35 屋面变形缝防水做法

（七）伸出屋面管道

管道伸出屋面处应用密封材料嵌严实，并增设带胎体增强材料的附加层，其做法与卷材防水层做法相同。涂膜收头处理应用防水涂料多遍涂刷封严，如图 2-37 所示。

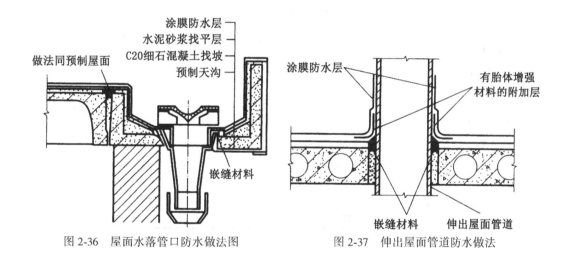

图 2-36 屋面水落管口防水做法图　　　图 2-37 伸出屋面管道防水做法

二、施工前的准备

（一）技术准备

涂膜防水的技术准备包括以下各项工作：

（1）施工前，施工单位应组织相关技术人员对涂膜防水屋面施工图进行会审，详细了解、掌握施工图中的各种细部构造及有关设计要求。

（2）依据涂膜防水施工工艺标准并结合工程实际情况，制定施工技术方案或是技术措施，确定质量目标和检验要求。

（3）施工前，必须根据设计要求试验确定每道涂料的涂布厚度和遍数。

（4）施工时，应建立各道工序的自检和专职人员检查制度，并有完整的检查记录。每道工序完成后，应经监理单位（或建设单位）检查验收合格后方可进行下道工序的施工。

（5）涂膜防水屋面工程应由资质审查合格的防水专业队伍进行施工，作业人员应持有工程所在地建设行政主管部门颁发的上岗证。

（6）向操作人员进行技术交底或培训。

（7）掌握天气情况。

（二）施工机具准备

涂膜防水施工前，应根据所采用涂料的种类、涂布方法，准备使用的计量器具、搅拌机具、涂布工具及运输工具等。

涂膜施工常用的施工机具见表2-18。实际操作时，所需机具、工具的数量和品种可根据工程情况进行调整。此外，为了清洗所用工具，还必须准备必要的清洗用具和溶剂。

表2-18　　　　　　　　　　　　　　　涂膜防水施工机具及用途

名称	用途	备注
棕扫帚	清理基层	不掉毛
钢丝刷	清理基层、管道等	—
磅秤、台秤等	配料、计量	—
电动搅拌器	涂料搅拌	功率大转速较低
铁桶或塑料桶	盛装混合料	圆桶便于搅拌
开罐刀	开启涂料罐	—
棕毛刷、圆辊刷	涂刷基层处理剂	—
塑料刮板、胶皮刮板	涂布涂料	—
喷涂机	喷刷基层处理剂、涂料	根据涂料黏度选用
裁剪刀	裁剪增强材料	—
卷尺	量测检查	长2~5m

（三）材料准备

防水涂料按成膜物质的主要成分，可将涂料分成沥青基防水涂料、高聚物改性沥青防水涂料和合成高分子防水涂料三种。施工时，根据涂料品种和屋面构造形式的需要，可在涂膜防水层中增设胎体增强材料。

1. 防水涂料及涂膜防水层基本要求

涂料是靠其中的固体成分形成涂膜的，由于各种防水涂料所含固体的密度相差并不太大，当单位面积用量相同时，涂膜的厚度取决于固体含量的大小，固体含量是涂膜质量的保证涂膜防水层的基本要求是：优良的防水能力；耐久性好，在阳光紫外线、臭氧、大气、酸碱介质长期作用下保持长久的防水性能；温度敏感性低，高温条件下不流淌、不变形，低温状态时能保持足够的延伸率，不发生脆断；具有一定的强度和延伸率，在施工荷载作用下或结构和基层变形时不破坏、不断裂；工艺简单、施工方法简便、易于操作和工程质量控制；对环境污染少。

2. 沥青基防水涂料

沥青基防水涂料是以沥青为基料配制而成的水乳型或溶剂型防水涂料，常见的有石灰乳化沥青涂料、膨润土乳化沥青涂料和石棉乳化沥青涂料。

3. 高聚物改性沥青防水涂料

高聚物改性沥青防水涂料是以沥青为基料，用合成高分子聚合物进行改性配制而成的水乳型、溶剂型或热熔型防水涂料，常用的品种有氯丁橡胶改性沥青涂料、丁基橡胶改性沥青涂料、丁苯橡胶改性沥青涂料、SBS 改性沥青涂料和 APP 改性沥青涂料等。

与沥青基防水涂料相比，高聚物改性沥青防水涂料在柔韧性、抗裂性、强度、耐高低温、使用寿命等方面都有较大的改善。

热熔改性沥青涂料是将沥青、改性剂、各类助剂和填料在工厂事先进行合成，制成高聚物改性沥青涂料物体。将其送至现场进行熔化，将熔化的热涂料直接刮涂于找平层上一次成膜设计需要的厚度。热熔改性沥青涂料不但防水性能好、耐老化好、价格低，而且在南方多雨地区施工更便利，它不需要养护、干燥时间，涂料冷却后就可成膜，具有设计要求的防水能力，同时能在气温 10℃ 以内的低温条件下施工，这也大大降低了施工对环境的条件要求，该涂料是一种弹塑性材料，在黏附于基层的同时，可追随基层变形而延展，避免了受基开裂影响而破坏防水层现象，具有良好的抗变形能力，成膜后形成连续无接缝的防水层，防水质量的可靠性大大提高。

4. 合成高分子防水涂料

合成高分子防水涂料是以合成橡胶或合成树脂为主要成膜物质配制而成的水乳型或溶剂型防水涂料。根据成膜机理，可分为反应固化型、挥发固化型和聚合物水泥防水涂料三类。常用的品种有丙烯酸防水涂料、聚氨酯防水涂料、硅橡胶防水涂料、聚合物水泥防水涂料等。

由于合成高分子材料本身的优异性能，以此为原料制成的合成高分子防水涂料有较高的强度和延伸率，优良的柔韧性、耐高低温性能、耐久性和防水能力。

5. 胎体增强材料

胎体增强材料是指在涂膜防水层中增强用的聚酯无纺布、化纤无纺布、玻纤网格布等材料。

（四）作业条件

（1）找平层已检查验收，质量合格。找平层应平整、坚实、无空鼓、无起砂、无裂缝、无松动掉灰，含水率符合要求。

（2）消防设施齐全，安全设施可靠，劳保用品满足施工操作需要。

（3）施工前，应将伸出屋面的管道、设备及预埋件安装完毕。

（4）找平层与突出屋面结构（女儿墙、山墙、天窗壁、变形缝、烟囱等）的交接处以及基层的转角处应做成圆弧形，圆弧半径 ≥50mm。内部排水的水落口周围，基层应做成略低的凹坑。

（5）涂膜防水屋面严禁在雨雪天和五级风及以上风力天气施工。

三、涂膜防水屋面施工

涂膜防水屋面的施工涉及两个方面：一是板缝嵌填密封材料施工，二是屋面防水涂料施工。

（一）防水基层的准备

基层是防水层赖以存在的基层，与卷材防水层相比，涂膜防水对基层的要求更为严格。

1. 坡度

屋面坡度过于平缓或坡度不符合设计要求，则容易积水，成为渗漏的原因之一。屋面防水是一个完整的概念，必须防排结合，只有在屋面不积水的情况下，防水才具有可靠性和耐久性。基层施工时，必须保证坡度符合设计要求。

2. 平整度与表面质量

基层的平整度是保证涂膜防水质量的主要条件。基层表面疏松和不清洁或强度太低，裂缝过大，都容易使涂膜与基层粘结不牢，在使用过程中，往往会造成防水层与基层剥离，成为渗漏的主要原因之一。《屋面工程质量验收规范》（GB50207-2002）第5.3.13条要求涂膜防水层与基层应粘结牢固，表面平整，涂刷均匀，无流淌、皱折、鼓泡、露胎体和翘边等缺陷。

3. 干燥程度

基层的干燥程度显著地影响涂膜防水层与基层的结合。如果基层不充分干燥，涂料渗透不进，施工后在蒸汽压力作用下，会使防水层剥离，发生鼓泡现象。

4. 节点细部

屋面板侧壁缝及板端缝应清理干净，在这些板缝中浇注的细石混凝土应浇捣密实，板端缝中嵌填的密封材料应粘结牢固，封闭严密。找平层上应事先留出分格缝，并与板端上下对齐，均匀顺直。基层与突出屋面结构（女儿墙、立墙、天窗壁、变形缝、烟囱等）的连接处以及基层的转角处（水落口、檐口、天沟、檐沟、屋脊、管道）等，均应做成圆弧，其半径不应小于50mm。

5. 施工气候条件

施工气候条件影响涂膜防水层的质量和涂料的涂布操作。如果在雨天、雪天进行防水涂膜施工，一方面，增强施工操作难度；另一方面，对水乳型涂料会造成破乳或被雨水冲失而失去防水作用，对溶剂型涂料将会降低各涂层之间、涂层与基层间的粘结力，所以不论是何种防水涂料，雨天、雪天严禁施工。溶剂型涂料施工气温宜为-5~35℃，水乳型涂料施工气温宜为5~35℃。五级风时会影响涂布操作，难以保证防水层质量和人身安全，所以五级风及以上风力天气不得施工。

（二）板缝嵌填密封材料施工

装配式钢筋混凝土屋面板的板缝内应浇灌细石混凝土，其强度等级不低于C20，混凝土中宜掺入微膨胀剂。宽度大于40mm的板缝或上窄下宽的板缝中，应加设构造钢筋。板缝进行柔性密封处理，非保温屋面的板缝上应预留凹槽，其内嵌填密封材料。

涂膜防水屋面是满粘在找平层上的，所以找平层应有足够的强度，宜采用掺有膨胀剂的细石混凝土，强度等级不低于C20，厚度不低于30mm。找平层表面出现裂缝时应进行修补。

改性石油沥青密封材料嵌填，有两种方法：

1. 热灌法施工

先加热，熬制密封材料，加热温度和浇灌温度应符合产品使用说明书的要求。施工时，应由下而上进行，尽量减少接头，一般是先灌垂直于屋脊的板缝，同时在板缝纵横交叉处平行于屋脊的两侧各延伸浇灌 150mm 并留成斜槎，而后再浇灌平行于屋脊的板缝，如图 2-38 所示。当屋面坡度较小时，平行缝可采用特制灌缝车浇灌，如图 2-39（a）所示，以减轻劳动强度，提高工效。垂直缝及山墙、檐口等节点处宜采用鸭嘴桶灌缝，如图 2-39（b）所示。板缝浇灌完毕后应做好保护，以便于防水层施工。

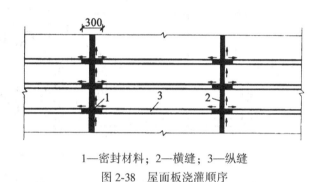

1—密封材料；2—横缝；3—纵缝

图 2-38　屋面板浇灌顺序

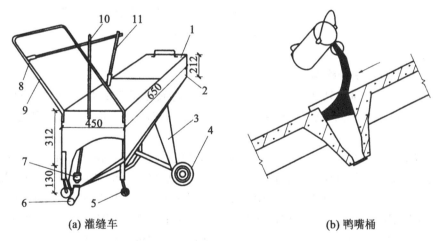

(a) 灌缝车　　　　　　　　　　　(b) 鸭嘴桶

1—盖；2—双层保温车身，间隙 25mm，内填保温材料，有效容积 50L；3—支架；4—φ200mm 硬胶轮；
5—φ75mm 硬胶轮；6—φ60mm 出料口；7—柱塞；8—操纵杆；9—车把；10—支柱；11—柱塞杆

图 2-39　灌缝车与鸭嘴桶

2. 冷嵌法施工

密封材料冷嵌施工最好用特制的气压式密封材料挤压枪，如图 2-40 所示。将密封材料紧密挤灌全缝，然后用腻子刀进行修整。手工冷嵌时，应将密封材料分两次嵌填，第一次将少量密封材料批刮在缝槽两侧，第二次将密封材料切割成条，随切随嵌，用力压嵌密实。嵌填时密封材料与缝壁不得有空隙,并防止裹空气,接头应采取斜槎。

合成高分子密封材料一般采用冷嵌法施工。单组分密封材料可直接使用,多组分密封材料必须按产品说明书的要求准确计量,充分拌和,并在规定时间内用完。密封材料可用挤出枪或腻子刀嵌填。采用挤出枪嵌填应根据接缝宽度选用合适的挤出嘴,根据材料性质可分一次或两次嵌填;采用腻子刀嵌填应两次嵌填,第一次应批刮缝槽两侧,第二次应填满缝隙槽。密封材料嵌填后应做到饱满、无间隙、无气泡。

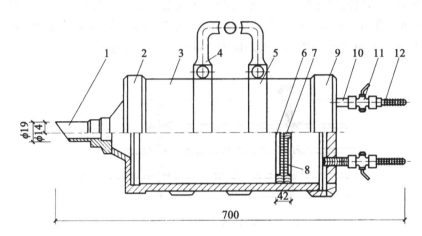

1—枪管,1~3 件(视缝大小配备不同规格);2—前盖,1 件;3—枪身,1 件(无缝钢管 133mm×φ5mm);
4—把手(φ12mm 钢筋锻打);5—套环,2 件(2mm 扁铁配 M6 螺丝);6—活塞;7—沉头螺丝;
8—皮碗,2 件;9—后盖;10—连接管,2 件;11—阀门,2 件;12—接气管,2 件

图 2-40　油膏挤压枪

(三) 屋面防水涂料施工

水乳型或溶剂型薄质防水涂料二布三涂施工工艺流程如图 2-41 所示。反应型薄型防水涂料一布三涂施工工艺流程如图 2-42 所示。厚型防水涂料一布二涂施工工艺流程如图 2-43 所示。

涂膜防水屋面防水涂料的施工工艺是按照屋面设计的构造层次由下而上进行的,一般包括屋面基层施工、隔汽层施工、保温层施工、找平层施工、涂刷基层处理剂、节点和特殊部位增强处理、保护层施工等。其中,屋面基层施工、隔汽层施工、保温层施工、找平层施工、保护层施工与卷材防水层屋面基本相同。下面主要介绍涂刷基层处理剂、节点和特殊部位附加增强处理、涂布防水涂料铺贴胎体增强材料的操作工艺。

1. 涂刷基层处理剂

涂刷基层处理剂主要是增加基层与防水层的粘结力,堵塞基层毛细孔道,阻止水汽上渗至防水层,减少防水层起鼓。

基层处理剂常用防水涂料稀释后使用,其配合比应根据不同防水材料按要求配制。涂刷施工时,应先对屋面节点、周边、拐角等部位进行涂刷,然后再大面积涂刷。涂刷应细致、厚薄应均匀,不得漏刷,干燥后方可进行下一道工序。

2. 节点和特殊部位附加增强处理

天沟、檐沟、檐口、泛水等部位应加铺胎体增强材料附加层,宽度不小于 200mm。

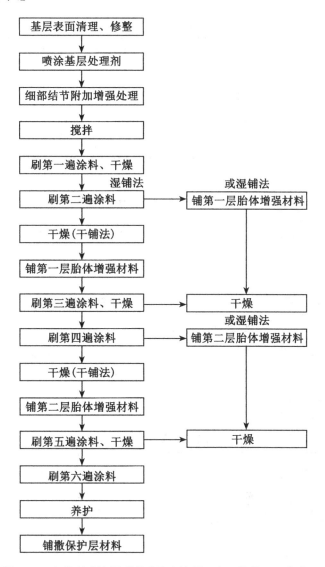

图 2-41　水乳型或溶剂型薄质防水涂料二布三涂施工工艺流程

　　水落口是屋面雨水集中的部位，若处理不好，容易引起渗漏，因此，在水落口周围与屋面交接处，应做密封处理，并加铺两层有胎体增强材料的附加层，同时要求涂膜伸入水落口的深度不小于 50mm。

　　屋面板纵、横缝以及找平层的分格缝处应增设胎体增强材料附加层，宽度宜为 200～300mm。

　　3. 涂布防水涂料铺贴胎体增强材料

　　（1）涂膜防水层厚度。这是涂膜防水屋面最主要的技术要求，过薄会降低屋面整体防水效果缩短防水层耐用年限；过厚又会造成浪费。涂膜的厚度选用应符合表 2-19 的规定。

表 2-19 涂膜厚度选用表

屋面防水等级	设防道数	高聚物改性沥青防水涂料	合成高分子防水涂料
Ⅰ级	三道或三道以上	—	不应小于 1.5mm
Ⅱ级	二道设防	不应小于 3mm	不应小于 1.5mm
Ⅲ级	一道设防	不应小于 3mm	不应小于 2mm
Ⅳ级	一道设防	不应小于 2mm	—

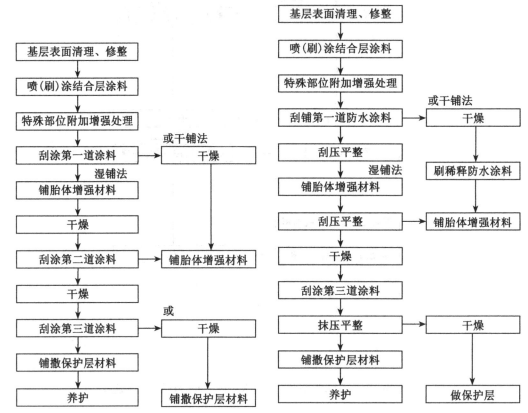

图 2-42　反应型薄型防水涂料一布三涂施工工艺流程　图 2-43　厚型防水涂料一布二涂施工工艺流程

（2）涂布顺序。涂布时应按照"先高跨后低跨，先远后近，先细部节点后立面、平面"的原则进行。同一屋面也应划分施工段，施工段交界处应安排在变形缝处，根据操作和运输方便确定先后次序。在每段中要先涂布较远部分，后涂布较近屋面；先涂布排水较集中的水落口、天沟、檐沟，再往高处涂布至屋脊或天窗下。

（3）涂料涂布施工。在涂料涂刷时，应根据防水涂料的品种分层分遍涂布。涂层应按分条间隔方式或按倒退方式涂布，分隔条宽度应与胎体材料宽度一致。无论是薄质涂料还是厚质涂料，均不得一次涂成，因为厚质涂料若一次涂成，涂膜干燥时易产生开裂，薄质涂料很难一次涂成规定厚度。后一遍涂层应待先涂的涂层干燥后方可进行，上、下两层涂布的方向应相互垂直。

（4）铺设胎体增强材料。在涂布第二遍涂料的同时或在第三遍涂刷前，即可加铺胎体增强材料，前者为湿铺法，即边涂布防水涂料，边铺展胎体增强材料，边用滚刷滚压；后者为干铺法，即在前一遍涂层干燥后，直接铺设胎体增强材料，并在已展平的表面用橡胶刮板满刮一遍防水涂料。胎体增强材料的铺贴方向应视屋面坡度而定。屋面坡度小于15%时，可平行于屋脊铺设；屋面坡度大于15%时，应垂直于屋脊铺设。胎体材料长边搭接宽度不应小于50mm，短边搭接不小于70mm。采用两层胎体增强材料时，上、下层不得相互垂直铺设，搭接缝应错开，其间距不应小于幅宽的1/3。增强材料的表面应加涂一遍防水涂料。

（5）收头处理。天沟、檐沟、檐口、泛水和立面涂膜防水层的收头应采用防水涂料多遍涂刷密实或用密封材料封边，封边宽度不得小于10mm。收头处的胎体增强材料应裁剪整齐，基层如有凹槽，应压入凹槽，不得有翘边、皱折、露白等缺陷。

四、质量检验、通病及其防治

（一）质量要求、控制、检验及验收

1. 屋面涂膜防水有关规定

（1）涂膜防水屋面找平层，屋面保温层应符合设计有关规定。

（2）涂膜防水层适用于防水等级为Ⅰ~Ⅳ级屋面防水。防水涂料应采用高聚物改性沥青防水涂料、合成高分子防水涂料。

（3）防水涂膜施工应符合下列规定：涂膜应根据防水涂料的品种分层分遍涂布，不得一次涂成；应待先涂的涂层干燥成膜后，方可涂后一遍涂料；需铺设胎体增强材料时，屋面坡度小于15%时，可平行屋脊铺设；屋面坡度大于15%时，应垂直于屋脊铺设；胎体长边搭接宽度不应小于50mm，短边搭接宽度不应小于70mm；采用二层胎体增强材料时，上下层不得相互垂直铺设，搭接缝应错开，其间距应小于幅宽的1/3。

（4）涂膜厚度选用应符合设计规定。

（5）屋面基层的干燥程度应视所用涂料特性确定。当采用溶剂型涂料时，屋面基层应干燥。

（6）多组分涂料应按配合比准确计量，搅拌均匀，并应根据有效时间确定使用量。

（7）天沟、檐沟、檐口、泛水和立面涂膜防水层的收头，应用防水涂料多遍涂刷或用密封材料封严。

（8）涂膜防水层完工并经验收合格后，应做好成品保护。保护层的施工应符合规范有关规定。

2. 屋面涂膜防水质量控制、检验及验收

（1）主控项目。防水涂料和胎体增强材料必须符合设计要求。检验方法：检查出厂合格证、质量检验报告和现场抽样复验报告。涂膜防水层不得有渗漏或积水现象。检验方法：雨后或淋水、蓄水检验。涂膜防水层在天沟、檐沟、檐口、水落口、泛水、变形缝和伸出屋面管道的防水构造，必须符合设计要求。检验方法：观察检查和检查隐蔽工程验收记录。

（2）一般项目。涂膜防水层的平均厚度应符合设计要求，最小厚度不应小于设计厚度的80%。检验方法：针测法或取样量测。

涂膜防水层与基层应粘结牢固，表面平整，涂刷均匀，无流淌、皱折、鼓泡、露胎体和翘边等缺陷。检验方法：观察检查。

涂膜防水层上的撒布材料或浅色涂料保护层应铺撒或涂刷均匀，粘结牢固；水泥砂浆、块材或细石混凝土保护层与涂膜防水层间应设置隔离层；刚性保护层的分格缝留置应符合设计要求。检验方法：观察检查。

（3）质量验收文件与记录。防水涂料产品合格证、现场取样复试资料，其他防水材料合格证、试验报告，防水试验检验记录，隐蔽工程验收记录，屋面涂膜防水质量验收记录，见表2-20。

表2-20　　　　　　　涂膜防水层检验批质量验收记录（摘自 GB50207—2002）

单位（子单位）工程名称										
分部（子分部）工程名称						验收部位				
施工单位						项目经理				
分包单位						分包项目经理				
施工执行标准名称及编号										
施工质量验收规范的规定				施工单位检查评定记录				监理（建设）单位验收记录		
主控项目	1	涂料及膜体质量	第5.3.9条							
	2	涂膜防水层不得渗漏或积水	5.3.10条							
	3	防水细部构造	第5.3.11条							
一般项目	1	涂膜施工	第5.3.13条							
	2	涂膜保护层	第5.3.14条							
	3	涂膜厚度符合设计要求，最小厚度	≥80N 设计厚							
施工单位检查评定结果		专业工长（施工员）			施工班组长					
		项目专业质量检查员：　　　　　　　　年　月　日								
监理（建设）单位验收结论		专业监理工程师： （建设单位项目专业技术负责人）：　　　年　月　日								

（二）质量通病及质量预控

涂膜防水屋面的质量通病通常有以下几种：屋面渗漏、黏结不牢、出现气泡或开裂、防水层破损等。对这些质量问题，我们可以采取提前预防和事后维修的方法来进行控制。

1. 黏结不牢

（1）黏结不牢的原因。

①基层表面不平整、不清洁，涂料成膜厚度不足。

②在水泥砂浆基层上过早涂刷涂料或铺贴玻璃丝布，破坏了水泥砂浆的生成结构，影响涂料与砂浆之间的粘结力。

③基层过于潮湿，水分或溶剂蒸发缓慢，影响到胶粒分子链的热运动，不利于成膜（特别在低温下）。

④防水涂料施工时突然下雨；采用了连续作业法施工，工序之间缺少必要的间歇。

⑤涂料变质失效。

（2）质量预控。屋面基层必须平整、密实、清洁。局部有高低不平处，应事先修补平整，并清扫干净；薄质涂料的一次成膜厚度应为 0.2~0.3mm，不得大于 0.5mm；厚质涂料的一次成膜厚度应为 1~1.5mm，且不得大于 2mm；在水泥砂浆基层上铺贴玻璃丝布时，砂浆应有 7 天以上龄期，砂浆强度应达到 5MPa 以上；涂料的施工温度以 10~30℃为宜，不能在负温下施工，以选择晴朗、干燥天气为佳。涂料施工时，基层含水率宜控制在 8%左右，且不允许基层表面有水珠，同时不得在雾天或雨天操作；施工期间应掌握天气预报，并置备防雨塑料布，供下雨时及时覆盖。表干的涂膜即可抵抗雨水的冲刷，而不影响与基层的粘结性；防水层每道工序之间一般应有 12~24 小时的间歇，以 24 小时为佳。整个防水层施工完后，应至少有一周以上的养护期限（自然干燥）；不得使用已经变质失效的涂料。

2. 出现气泡或开裂

（1）气泡或开裂原因。

①基层有砂粒杂物，乳液中有沉淀物质，施工时基层过分潮湿（有水珠），或在湿度较大的气候条件下操作，都会促成防水层出现气泡，使防水层与基层脱空；基层不平，粘贴玻璃丝布时没有铺平拉紧，或没有按规定在布幅两侧裁剪小口。

②涂料施工时温度过高，或涂刷过厚，表面结膜过快，内层的水分难以逸出，引起防水层的开裂；基层刚度不足，抗变形能力较差以及没有按要求留置温度分格缝，都会引起防水层开裂。

（2）质量预控。涂料施工前，应将基层表面清理干净，涂料乳液中若有沉淀颗粒，应用 32 目铁丝网过滤；选择在晴朗和干燥的气候条件下施工。当气温在 30℃以上时，应尽量避开炎热中午施工，最好选择在早晚（特别是上半夜）温度较低的时间内操作；涂料涂刷厚度要适当，薄质涂料一次成膜厚度应为 0.2~0.3mm，且不大于 0.5mm；厚质涂料一次成膜厚度应为 1~1.5mm，且不大于 2mm；切实保证屋面结构层的灌缝质量。在找平层内应按要求留置温度分格缝。温度分格缝以及基层有明显的裂缝和蜂窝、孔洞缺陷处，需用掺少量滑石粉配成的涂料腻子嵌补平整（嵌补前应先薄涂一层冷底子涂料）；当裂缝宽度大于 0.5mm 并且贯穿基层时，还应加一层宽度为 200mm 的玻璃丝布。

3. 防水层破损

（1）破损原因。涂料防水层在施工中保护不好，容易遭到破损。

（2）质量预控。一定要按施工程序，待屋面上其他工程全部完工后，再铺贴防水层；当基层强度不足或有疏松、塌陷等现象时，应及时返工；防水层施工后一天内严禁上人。

4. 涂膜收头脱开

（1）脱开原因。无组织排水屋面的檐口部位，涂膜防水层张口脱开，雨水沿张口处进入檐口下部，造成渗漏，如图 2-44 所示。在泛水立墙部分，涂膜收头张口，甚至脱落，尤其是加筋的高聚物改性沥青防水涂膜，更容易出现此问题，雨水沿开口处的女儿墙进入室内，造成渗漏，如图 2-45 所示。原因是使用了质量不合格的涂料，粘结力过低；收头部位的基层处理不干净，或未涂刷基层处理剂；基层含水率过大；基层质量不好，疏松、起皮、起砂。

由于上述原因，涂膜防水层的收头与基层的粘结强度降低，在长期风吹日晒下，就会出现翘边、张口。

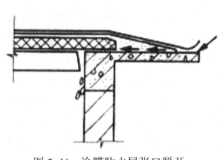 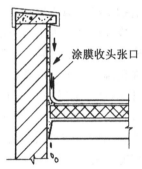

图 2-44　涂膜防水层张口脱开　　　　　图 2-45　立墙与涂膜收头张口

（2）质量预控。将翘边张口部分的涂膜撕开，将基层清理干净，涂刷基层处理剂，然后用同类材料将翘边部位的涂膜粘贴上，加压条用钉固定，然后再在压条上铺贴 150～200mm 宽的胎体增强材料，多遍涂刷防水涂料，将收头部分封严，如图 2-46、图 2-47 所示。

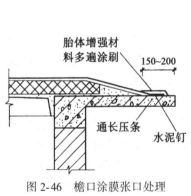 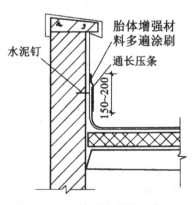

图 2-46　檐口涂膜张口处理　　　　　图 2-47　立墙上涂膜张口处理

5. 屋面积水

（1）积水原因。

①平屋面坡度过小；

②找平屋不平，局部低凹；天沟排水纵坡过小，甚至出现反坡；

③出水口过高，屋面雨水不能顺利地流入出水口；

④水落管、水漏斗堵塞，排水系统不畅通。

（2）质量预控。首先要找出屋面积水的主要原因，如是天沟、水落管等排水系统堵塞，只需及时疏通排水系统即可；如是天沟纵坡过小或倒坡，可在天沟内拉线找好坡度，然后用沥青砂浆或聚合物砂浆铺填找坡，上面再做一道涂膜防水层；如是找平层局部低凹不平，可用聚合物砂浆找平后，上面再做一道涂膜防水层。

五、进场、储存及处理

（一）进场、储存

施工所用防水涂料、胎体增强材料及其他辅助材料均应按设计要求选购进场，并做妥善保管、储存。

（二）抽样复验

为了保证涂膜防水层的质量，应对进入施工现场的防水涂料和胎体增强材料进行抽样复验。防水涂料应检验延伸（断裂伸长率）、固体含量、柔性、不透水性和耐热度。抽样的数量应根据防水面积每 1000m^2 所耗用的防水涂料和胎体增强材料的数量为一个抽检单位的原则，规范 GB5027—2002 规定；同一规格品种的防水涂料每 10t 为一批，不足 10t 者按一批进行抽检；胎体增强材料每 3000m^2 为一批，不足 3000m^2 者按一批进行抽检。

六、涂膜防水屋面施工安全技术措施

（1）施工前要进行安全技术交底工作，施工操作过程要符合安全技术规定。

（2）易燃材料必须储存在专用仓库或专用场地，应设专人进行管理，并配备消防器材和灭火设施。

（3）高空作业屋面的周围边沿和预留洞口处，必须按洞口、临边防护规定进行安全防护。高空作业操作人员不得过分集中，必要时应系安全带。

（4）卷材涂膜屋面施工时，操作人员应站在上风方向，同时要戴好口罩、袖套、布手套等劳保用品，防止中毒、受伤。熬制沥青胶时，应注意控制沥青锅容量和加热温度，防止外溢烫伤。熬制地点应放在下风处，同时应备齐防火设施及工具。

（5）患有皮肤病、支气管炎、结核病、眼病及对沥青、橡胶过敏的人员不得参加该项目的施工。

（6）施工用电必须安全可靠，开关箱必须设漏电保护器，电源线不得破皮漏电，插头应完好无损，高空的施工照明用电应使用 36V 安全电压。

（7）施工人员操作时，必须穿胶底鞋，防止滑伤。

（8）对高低跨屋面，应避免高低跨同时作业，防止因高跨物体下落而伤及低跨作业人员。

（9）屋面施工严禁在雨天、雪天、雾天及五级风及其以上的天气施工，防止操作人员意外滑伤。高温天气作业时，应做好防暑降温措施。

（10）在屋面上施工作业时，严禁从屋面上向下扔物体，以防伤及地上的作业人员，屋顶的建筑垃圾也应集中用垂直运输工具运至地面，再集中运到指定地点，不得随意堆放。

（11）运输线路应畅通，各类运输设备应牢固可靠。

项目三 刚性防水屋面施工

刚性防水屋面是指利用刚性防水材料作为防水层的屋面，主要适用于防水等级为Ⅲ级的屋面防水，也可用于Ⅰ、Ⅱ级屋面多道防水设防中的一道防水层，不适用于设有松散材料保温层的屋面以及受较大震动或冲击和坡度大于15%的建筑屋面。

一、刚性防水屋面节点构造

（一）屋面分格缝

普通细石混凝土和补偿收缩混凝土防水层分格缝的宽度宜为5~30mm，分格缝内应嵌填密封材料，上部应设置保护层，如图2-48所示。

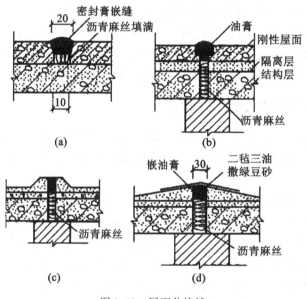

图 2-48 屋面分格缝

（二）屋面泛水

屋面防水层与垂直于屋面的凸出物交接处的防水处理称为泛水，女儿墙、变形缝、管道孔等部位均需做泛水处理。

刚性防水屋面的泛水构造与油毡屋面基本相同。泛水应具有足够的高度，一般不小于250mm，非迎风面为180mm。泛水与屋面防水层应一次浇成，不留施工缝，转角处做成圆弧形，泛水上也应有挡雨措施。刚性屋面泛水与凸出屋面的结构物（如女儿墙、烟囱等）之间必须设分格缝，以免因两者变形不一致而使泛水开裂，分格缝内填塞沥青麻丝。常见的泛水构造做法如图2-49所示。

（三）屋面变形缝

刚性防水层与变形缝两侧墙体交接处应留宽度为30mm的缝隙，并用密封材料嵌填；泛水处应铺设卷材或涂膜附加层；变形缝中应填充泡沫塑料，其上填放衬垫材料，并用卷

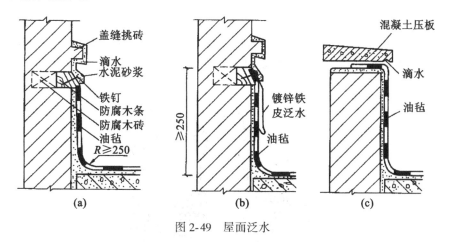

图 2-49 屋面泛水

材封盖，顶部应加扣混凝土盖板或金属盖板，如图 2-50 所示。

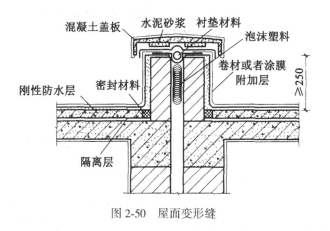

图 2-50 屋面变形缝

（四）水落口节点构造

横式水落口防水构造如图 2-51 所示。

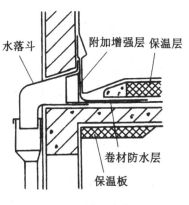

图 2-51 横式水落口

（五）伸出屋面管道

伸出屋面管道与刚性防水层交接处应留设缝隙，用密封材料嵌填，并应加设卷材或涂膜附加层；收头处应固定密封，如图2-52所示。

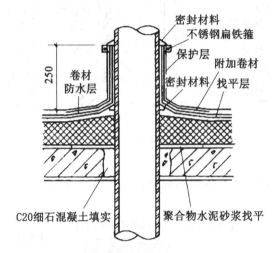

图 2-52 伸出屋面管道

二、施工前的准备

（一）人员准备

项目经理、技术负责人、操作人员及工人均需经过专业技术培训，持有专业技术培训上岗证。

（二）技术准备

施工前技术管理人员及操作工长必须学习和了解设计图，进行图纸会审，编制施工组织方案，确定技术措施，进行技术交底，建立质量检验和质量保证体系，明确施工顺序、施工工艺、成品保护措施及安全注意事项。

（三）施工机具准备

主要设备、机具、工具见表2-21。

表 2-21 设备、机具、工具

类　　型	名　　称
拌和机具	混凝土搅拌机（强制式最好）、砂浆搅拌机、磅秤、台秤
运输机具	手推车、卷扬机、井架、塔吊等
混凝土浇捣工具	平锹、木刮板、平板振动器、滚筒、木抹子、铁抹子或抹光机、水准仪等
钢筋加工工具	筛子、裁切刀、木压板、刮板、灰桶、抹灰刀等
灌缝工具	清缝机或钢丝刷、吹尘器、油漆刷子、油漆刮刀、扫帚、水桶、锤子、斧子、铁锅、200℃温度计、鸭嘴桶、油膏挤压枪
其他	分格缝术条、木工锯

（四）材料准备及现场条件准备

1. 防水材料和配套材料

（1）混凝土材料。按设计要求备好水泥、砂、石子及外加剂。现浇细石混凝土防水层按照水灰比不大于 0.55、水泥用量不小于 330kg/m³、砂率为 35%~40%、灰砂比为 1 ：（2~2.5)的原则备料，外加剂按使用说明书掺量用，最好先做试验，各种材料按工程量一次或分期备足。

（2）钢筋、钢丝、钢纤维。按设计图样要求备材，钢丝无要求时，可采用乙级冷拔低碳钢丝，直径为 4mm。

（3）嵌缝材料。宜采用改性沥青防水密封材料或合成高分子防水密封材料，也可采用其他油膏或胶泥。北方地区应选用抗冻性较好的嵌缝材料。

（4）当防水层用钢纤维混凝土或块体材料时，各类材料亦应按工程需要量一次备足，以保证防水层连续施工，所有到场的材料应在监理人员的监督下见证取样、督促送检。

2. 施工现场条件准备

（1）主要材料堆放场地及工作面的清理，应使现场堆放地能遮雨雪；采用无热源的仓库；按材料品种分别堆放；对易燃材料应挂牌标明，严禁烟火。

（2）防水施工前，应先完成结构层施工。现浇结构层混凝土，振捣碾压后，在终凝前，用铁抹子抹平，以便于隔离层施工。装配式屋面板安装就位后，先将板缝内石屑残渣剔除，再用高压水清洗干净，对较宽的板缝，洗缝时要用模板托底，灌缝材料可用细石混凝土或掺有 UEA 的膨胀剂细石混凝土，不得用草袋、草纸、水泥袋、木块、碎砖、垃圾等物填塞。刚性防水屋面的坡度一般大于 2%~3%，以采用结构找坡为宜，如采用建筑材料找坡，找坡材料用水泥砂浆或轻质材料拌制的砂浆，以减轻屋面荷重。

（3）提前做好细部节点处理。由室内伸出屋面的水管、通风管、排气管等的安装，屋面上部设备的基础、高低跨屋面的高跨建筑或屋面上设备间的结构及装修施工等，必须在防水层施工前进行。

三、刚性防水屋面施工

（一）普通细石混凝土防水层施工

1. 施工工艺顺序

普通细石混凝土防水层施工工艺顺序为：清理基层→找平层、隔离层施工→绑扎钢筋网片→安放分格缝木条、支边模→浇捣防水层混凝土→抹平、收光→养护→分格缝施工。

2. 操作工艺

（1）找平层、隔离层施工。隔离式防水层是在屋面结构层与细石混凝土防水层之间加设隔离层，以减少结构变形和温度变化对防水层的影响。

隔离层的做法有多种，分石灰砂浆找平及纸筋灰隔离层、水泥砂浆找平层与毡砂隔离层、油毡隔离层和涂刷隔离剂作为隔离层等。找平层、隔离层均应按施工工艺进行施工。找平层、隔离层施工完毕后，应注意对其加强保护，绑扎钢筋时不得扎破其表面；浇筑混凝土时不能损坏隔离层。

（2）绑扎钢筋网片。细石混凝土防水层的厚度不应小于 40mm，通常采用 40~60mm，混凝土中间要配置直径为 $\phi4~6mm$、间距为 100~200mm 的双向钢筋（或钢丝）网片。钢筋要调直,不得有弯曲、蚀点和油污。钢筋网片可绑扎或点焊成型。钢筋网片的位置应处于防水层的中间偏上,保护层厚度不应小于 10mm。分格缝处钢筋应断开,使防水层在该处能自由伸缩,满足刚性屋面的构造要求。

(3)安放分格缝木条和支边模。细石混凝土防水层的分格缝应设在屋面板的支撑端、屋面的转折处、防水层与突出屋面结构的交接处。分格缝纵横间距不宜大于 6m,在隔离层上进行弹线定位。分格缝木条应按宽和防水层厚度加工,一般,上口宽度为 30mm,下口宽度为 20mm。在使用分格缝木条前,应用水浸泡,刷好隔离剂,然后用水泥砂浆将其固定在隔离层上。安装木条和模板时应找平或通线,算出防水层的厚度和排水坡度。分格缝安装位置应准确,起条时不得损坏分格缝处的混凝土。分隔缝中应嵌填密封材料,上部铺贴防水卷材。

(4)浇捣防水层混凝土。

①混凝土搅拌时,应按设计配合比投料,各种材料必须称量准确,投料顺序得当,拌和均匀。混凝土搅拌时间不应少于 2 分钟。

②混凝土的浇捣应按先远后近、先高后低的原则逐个分格施工。一个分格缝内的混凝土必须一次浇捣完成,不得留施工缝。

③手推车运送混凝土时,必须架设运输通道,避免压弯钢筋。混凝土应先倒在铁板上,再用铁锹铺设,不得直接倾倒在屋面上。用浇灌斗吊运混凝土时,倾倒高度不应高于 1m,且应分散铺倒。

④混凝土从搅拌机出料至浇筑完成时间不宜超过 2 小时。在运输和浇捣过程中,应防止混凝土分层、离析。

⑤混凝土应采用平板振动器振捣,振捣至密实后再用滚筒碾压,直至表面泛浆为止。在分格缝处宜两边同时铺摊混凝土,然后方可振捣,防止分隔条移位。在振捣过程中,应用 2m 靠尺随时检查,并将表面刮平,便于抹压。

⑥混凝土振捣泛浆后,应立即用铁抹子抹平压实,使表面平整,符合屋面排水设计要求。抹平时,不得在表面洒水、加水泥浆或撒干水泥。

⑦混凝土收水后应进行两次压光。收水初凝后,取出分隔条,用铁抹进行第一次压光,修补;终凝前进行第二次压光,使表面平整、光滑、无抹痕。必要时,还要进行第三次抹光。混凝土抹压时,不得在表面洒水、加水泥浆或撒干水泥,否则会使混凝土表面产生一层浮浆,待混凝土硬化后会有脱落现象。

(5)养护。混凝土浇捣 12~24 小时后方可浇水养护,养护时间不少于 14 天。养护初期,屋面不得上人。

(6)防水层节点施工。防水层节点施工应符合设计要求,预留孔洞和预埋件位置应正确。安装管件后,其周围应按设计要求用密封材料填塞密实。

(二)补偿收缩混凝土防水层施工

补偿收缩混凝土是一种适度膨胀的混凝土,它是在混凝土中掺入适量的膨胀剂或用膨胀水泥拌制而成。在补偿收缩混凝土刚性防水层的施工中,其结构层处理、隔离层施工及分格缝嵌填等工艺要求与普通细石混凝土刚性防水层相同。

1. 施工工艺顺序

补偿收缩混凝土防水层施工工艺顺序为:清理基层→找平层、隔离层施工→绑扎钢筋网片→安放分格条、支边模→浇捣防水层→抹平、收光→蓄水养护→分格缝施工。

2. 操作工艺

（1）拌制补偿收缩混凝土。补偿收缩混凝土原材料要求及配合比设计与普通混凝土相同。配制补偿收缩混凝土的各种原材料按重量计算。各种材料应按配合比准确称量，误差不得大于 1%。膨胀剂掺量一般为水泥的 10%~14%。

采用混凝土膨胀剂拌制混凝土时材料的加入顺序为：石子→砂→水泥→膨胀剂→干拌30 秒以上→水。搅拌时间长短应以膨胀剂均匀为准，一般加水后的连续搅拌时间不应少于 3 分钟。

（2）浇捣防水层混凝土。每个分格板块内的补偿收缩混凝土应一次浇筑完成，严禁留施工缝。混凝土铺平后，用平板振动器振实，再用滚筒碾压数遍，直至泛浆。振捣要均匀、密实、不漏振、不过振。混凝土收水后，用铁抹子将表面抹光，次数不得少于两遍。

补偿收缩混凝土的凝结时间一般比普通混凝土略短，因此，其搅拌、运输、铺设、振捣和碾压、收光等工序应紧密衔接，拌制好的混凝土应及时浇捣。

补偿收缩混凝土的施工温度以 5~35℃ 为宜，施工时，应避免烈日暴晒。低温施工时，要保证浇灌温度不低于 5℃，浇灌完毕待混凝土稍硬后，及时覆盖塑料薄膜或湿草帘以保温、保湿。

（3）补偿收缩混凝土养护。补偿收缩混凝土必须严格控制初始养护时间，浇捣完毕及时用双层湿草包覆盖。常温下浇筑 8~12 小时，低温下浇筑 24 小时后即浇水养护，养护时间不少于 14 天。有条件的地区，在夏季施工时宜采用蓄水养护。

补偿收缩混凝土不宜长期在高温下养护，这是由于混凝土中的钙矾石结晶体会发生晶性转变，使混凝土中的孔隙率增加、强度下降、抗渗性降低。因此，补偿收缩混凝土的养护及使用温度均不应超过 80℃。

（三）水泥砂浆防水层施工

水泥砂浆防水分为普通水泥砂浆防水和聚合物水泥砂浆防水两类。所用水泥强度等级一般为不低于 42.5 级的普通硅酸盐水泥或矿渣硅酸盐水泥，宜用中砂或细砂，防水剂宜采用氯化物金属盐类防水剂或金属皂类防水剂，聚合物水泥砂浆则采用氯丁胶乳液或丙烯酸酯共聚乳液、有机硅等。

1. 施工工艺顺序

（1）普通水泥砂浆和丙烯酸酯砂浆的施工顺序为：清理基层→涂刷第一道防水净浆→铺抹底层防水砂浆→搓毛→涂刷第二道防水净浆→铺抹面层防水砂浆→二次压光→三次压光→养护。

（2）阳离子氯丁胶乳水泥砂浆的施工顺序为：清理基层→涂刷胶乳水泥浆→铺抹底层防水砂浆→搓毛→涂刷第二道防水砂浆→抹水泥砂浆保护层→养护。

2. 操作工艺

（1）普通水泥砂浆。基层处理完毕以后，先涂刷第一道水泥净浆，厚度为 1~2mm，涂刷均匀；涂刷第一道防水净浆后，即可铺抹底层防水砂浆。底层防水砂浆分两遍铺抹，每遍厚 5~7mm；底层砂浆变硬（约经 12 小时）后，涂刷第二道防水净浆，均匀涂刷。

铺抹面层防水砂浆亦分两遍抹压，每遍厚 5~7mm。头遍砂浆应压实搓毛。头遍砂浆阴干后再抹第二遍砂浆，用刮尺刮平后，紧接着用铁抹子拍实、搓平、压光。砂浆开始初凝时进行第二次压光；砂浆终凝前进行第三次压光。

在砂浆终凝后 8~12 小时、表面呈灰白色时即可开始养护，可采用覆盖草帘、锯末淋水的方式养护。有条件时，可采用蓄水养护。养护时间不少于 14 天，养护时环境温度不应低于 5℃。

注意：砂浆防水层宜一次连续施工，不留施工缝。不得不留施工缝时，则应留成阶梯形槎，施工时先在老槎面上涂刷一道防水净浆，以利于新老砂浆防水层结合，然后分层施工，最后一层应压实抹光。

（2）阳离子氯丁胶乳水泥砂浆。先进行基层处理，然后由上而下在基层表面涂刷一遍胶乳水泥净浆，不得漏涂。待结合层胶乳水泥净浆涂层表面稍干（约 15 分钟）后，抹压第一遍防水砂浆。因胶乳成膜较快，抹压砂浆应顺一个方向迅速边抹平边压实，一次成活，不得往返多次抹压，以免破坏胶乳砂浆面层胶膜。铺抹时，应按先立面后平面的顺序施工，通常垂直面抹 5mm 厚左右，水平面抹 10~15mm 厚，阴阳角加厚抹成圆角。待第一遍抹压的砂浆初凝后，再抹下一层的砂浆。

当防水砂浆初凝（约 4 小时）后，还需抹一道水泥砂浆保护层。通常垂直面保护层厚 5mm，水平地面保护层厚 20~30mm。

阳离子氯丁胶乳水泥砂浆应采取干湿结合养护。龄期 2 天前不洒水，采取干养护，使面层砂浆接触空气，以利于较早形成胶膜。2 天以后再进行 10 天左右的湿养护。

注意：对于干燥基层，施工前，应进行湿润处理，以提高胶乳水泥砂浆与基层的粘结；胶乳水泥砂浆应随拌随用，拌和后的砂浆必须在 1 小时内用完；夏季气温较高时，水泥、砂子、胶乳应避免阳光暴晒，以防拌制的砂浆因胶乳凝聚太快而失去和易性，施工气温应为 5~35℃。

四、质量控制、检验及验收

（一）细石混凝土防水层的有关规定

（1）适用于防水等级为 I~Ⅲ级的屋面防水；不适用于设有松散材料保温层的屋面以及受较大震动或冲击的和坡度大于 15% 的建筑屋面。

（2）细石混凝土不得使用火山灰质水泥；当采用矿渣硅酸盐水泥时，应采用减少泌水性的措施。粗骨料含泥量不应大于 1%，细骨料含泥量不应大于 2%。混凝土水灰比不应大于 0.55；每立方米混凝土水泥用量不得少于 330kg；含砂率宜为 35%~40%；灰砂比宜为 1：2~1：2.5；混凝土强度等级不应低于 C20。

（3）混凝土中掺加膨胀剂、减水剂、防水剂等外加剂时，应按配合比准确计量，投料顺序得当，并应用机械搅拌、机械振捣。

（4）细石混凝土防水层的分格缝应设在屋面板的支承端、屋面转折处、防水层与突出屋面结构的交接处，其纵横间距不宜大于 6m。分格缝内应嵌填密封材料。

（5）细石混凝土防水层的厚度不应小于 40mm，并应配置双向钢筋网片。钢筋网片在分格缝处应断开，其保护层厚度不应小于 10mm。

（6）细石混凝土防水层与立墙及突出屋面结构等交接处，均应做柔性密封处理；细石混凝土防水层与基层间宜设置隔离层。

（二）刚性屋面质量控制、检验与验收

1. 主控项目

（1）细石混凝土的原材料及配合比必须符合设计要求。检验方法：检查出厂合格证、质量检验报告、计量措施和现场抽样复验报告。

（2）细石混凝土防水层不得有渗漏或积水现象。检验方法：雨后或淋水、蓄水检验。

（3）细石混凝土防水层在天沟、檐沟、檐口、水落口变形缝和伸出屋面管道的防水构造，必须符合设计要求。检验方法：观察检查和检查隐蔽工程验收记录。

2. 一般项目

（1）细石混凝土防水层应表面平整、压实抹光，不得有裂缝、起壳、起砂等缺陷。检验方法：观察检查。

（2）细石混凝土防水层的厚度和钢筋位置应符合设计要求。检验方法：观察和尺量检查。

（3）细石混凝土分格缝的位置和间距应符合设计要求。检验方法：观察和尺量检查。

（4）细石混凝土屋面的允许偏差应符合表 2-22 的要求。

表 2-22　　　　　　　　　　细石混凝土屋面的允许偏差

项　　　目	允许偏差（mm）	检验方法
平整度	±5	用 2m 直尺和楔形塞尺检查
分格缝位置	±20	尺量检查
泛水高度	≥120	尺量检查

3. 质量验收文件与记录

（1）技术交底记录中的施工操作要求及注意事项。

（2）材料质量文件：水泥、外加剂出厂合格证，水泥、砂、石子试验报告或质量检验报告。

（3）中间检查记录：隐蔽工程检查验收记录、施工检验记录、淋（蓄）水检验记录。

（4）工程检验记录：抽样质量检验记录及观察检查记录。

（5）细石混凝土防水层检验批质量验收记录表，见表 2-23。

表 2-23　　　　细石混凝土防水层检验批质量验收记录（摘自 GB50207—2002）

单位（子单位）工程名称			
分部（子分部）工程名称		验收部位	
施工单位		项目经理	
分包单位		分包项目经理	
施工执行标准名称及编号			
施工质量验收规范的规定	施工单位检查评定记录	监理（建设）单位验收记录	

主控项目	1	材料质量及配合比	第6.1.7条					
	2	细石混凝土防水层不得有渗漏或积水现象	第6.1.8条					
	3	细部防水构造	第6.1.9条					
一般项目	1	防水层施工表面质量	第6.1.10条					
	2	防水层厚度和钢筋位置	第6.1.11条					
	3	分格缝位置的间距	第6.1.12条					
	4	表面平整度允许偏差	5mm					

施工单位检查评定结果	专业工长（施工员）		施工班组长	
	项目专业质量检查员：		年 月 日	

（三）密封材料嵌缝有关规定及检验

1. 检查数量

按每50m检查一处，每处5m，且不少于3处。

2. 主控项目

（1）密封材料的质量必须符合设计要求。检验方法：可检查产品的合格证、配合比和现场抽样复验报告。

（2）密封材料嵌填必须密实、连续、饱满，粘结牢固，无气泡、开裂、鼓泡、下塌或脱落等缺陷；厚度符合设计和规程要求。

（3）嵌填的密封材料表面应平滑，缝边应顺直，无凹凸不平现象。

3. 一般项目

（1）密封材料嵌缝的板缝基层应表面平整密实，无松动、露筋、起砂等缺陷，干燥、干净，并涂刷基层处理剂。

（2）嵌缝后的保护层粘结牢固，覆盖严密，保护层盖过嵌缝两边各不少于20mm。

4. 实测项目

密封防水接缝宽度的允许偏差为±10%，接缝深度为宽度的0.5~0.7倍。

五、刚性防水层质量通病及防治措施

（一）细石混凝土防水层开裂

1. 防水层开裂原因

（1）结构裂缝。因地基不均匀沉降，屋面结构层产生较大的变形等原因使防水层开裂。此类裂缝通常发生在屋面板的拼缝上，宽度较大，并穿过防水层上下贯通。

（2）温度裂缝。季节性温差、防水层上、下表面温差较大，且防水层变形受约束时，温度应力使防水层开裂。温度裂缝一般是有规则的、通长的，裂缝分布较均匀。

（3）收缩裂缝。由于防水层混凝土干缩和冷缩而引起。一般分布在混凝土表面，纵横交错，没有规律性，裂缝一般较短较细。

（4）施工裂缝。由于混凝土配合比设计不当、振捣不密实、收光不好及养护不良等，使防水层产生不规则的、长度不等的断续裂缝。

2. 质量预控

（1）对于不适合做刚性防水的屋面，如地基不均匀沉降严重、结构层刚度差，或设有松散材料保温层、受较大振动或冲击荷载的建筑、屋面结构复杂的结构等，用刚性防水层。

（2）加强结构层刚度，宜采用现浇屋面板；用预制屋面板时，要求板的刚度要好，并按规定要求安装和灌缝。

（3）刚性防水层按规定的位置、间距、形状设置分格缝，并认真做好分格缝的密封防水。

（4）在防水层与结构层之间设置隔离层。

（5）防水层上设架空隔热层、蓄水隔热层和种植隔热层。

（6）防水层的厚度不宜小于 40mm，内配 $\phi6@100\sim200mm$ 双向钢片位置应在防水层中间或偏上，分格缝处钢筋应断开。

（7）做好混凝土配合比设计；严格限制水灰比；提倡使用减水剂等时，宜采用补偿收缩混凝土，或对防水层施加预应力。

（8）防水层厚度应均匀一致，浇筑时应振捣密实，并做到充分提浆，随即进行二次抹光。

（9）认真做好防水层混凝土的养护工作。

（二）细石混凝土防水层起壳、起砂

1. 起壳、起砂原因

（1）混凝土防水层施工质量不好，特别是没有认真做好压实收光。

（2）养护不良，特别是不认真做好早期养护。

（3）刚性防水层长期暴露于大气中，日晒雨淋后，时间一长，混凝土面会发生碳化现象。

2. 质量预控

（1）认真做好清基、摊铺、滚压、收光、抹平和养护等工序。滚压时宜用 30～50kg 滚筒来回滚压 40～50 遍，直至混凝土表面出现拉毛状水泥浆为止，然后抹平。待一定时间后，再抹第二遍甚至第三遍，使混凝土表面达到平整光滑。

（2）宜采用补偿收缩混凝土，但水泥用量也不宜过高，细集料应尽可能采用中砂或粗砂。

（3）混凝土应避开在酷热、严寒气温下施工，也不要在风沙、雨天中施工。

（4）混凝土浇筑后即覆盖双层草包，8~12 小时后浇水养护，有条件时采用蓄水养护 14 天以上。

（5）根据使用功能要求，在防水层上做架空隔热层面、绿化屋面、蓄水屋面等，也可做饰面或刷防水涂料保护层。

（6）当防水层表面轻微起壳、起砂时，可将表面凿毛，扫去浮灰杂质，然后加抹 10mm 厚 1 : 1.5 ~ 1 : 2.0 防水砂浆。

（三）细石混凝土防水层渗漏

1. 防水层渗漏原因

（1）屋面结构层因结构变形不一致，容易在不同受力方向的连接处产生应力集中，造成防水层开裂而导致渗漏。

（2）各种构件的连接缝，因接缝尺寸大小不一，材料收缩、温度变形不一致，使填缝的混凝土脱落。

（3）防水层分格缝与结构层板缝没有对齐，或在屋面十字花篮梁上没有在两块预制板上分别设置分格缝，因而引起裂缝造成渗漏。

（4）女儿墙、天沟、水落口、烟囱及各种突出屋面的接缝或施工缝部位，因接缝混凝土或砂浆嵌填不严，或施工缝处理不当，形成缝隙而渗漏。

（5）在嵌填密封材料时，未将分格缝清理干净，或基面不干燥，致使密封材料与混凝土粘结不良或嵌填不实。

（6）密封材料质量较差，尤其是粘结性、延伸性与抗老化能力等性能指标，达不到规定质量指标。

2. 质量预控

（1）在非承重山墙与屋面板连接处，先灌以细石混凝土，然后分两次嵌填密封材料。在泛水部位，再按常规做法，增加卷材或涂膜防水附加层。

（2）装配式结构中，选择屋面板荷载级别时，应以板的刚度（而不以板的强度）为主要依据。

（3）为保证细石混凝土灌缝质量，板缝底应吊模板，并同时充分浇水湿润，浇筑前，在板缝刷隔离剂，以确保两者粘结。

（4）灌缝细石混凝土宜掺加微膨胀剂，同时加强浇水养护，提高混凝土抗变形能力。

（5）施工时，应使防水层分格缝与板缝对齐，且密封材料及施工质量均应符合有关规范、规程的要求。

（6）对女儿墙、天沟、水落口、烟囱及各种突出屋面的接缝或施工缝部位，除了做好接缝处理外，还应在泛水处做卷材或涂膜附加防水处理，附加防水层高度，迎水面一般不低于 250mm，背水面不低于 200mm，烟囱或通气管处不低于 150mm。

（7）嵌填密封材料的接缝应规格整齐并冲洗干净，无灰尘垃圾。施工时，缝槽应充分干燥（最好用喷灯烘烤），并在底部按设计要求放置背衬材料，确保密封材料嵌填密实，伸缩自如。

（8）应按设计要求选择质量优的密封材料，并对进场材料进行抽样检验，发现不合格产品，应退货不用。

六、安全环保措施

（1）屋面四周无女儿墙处按要求搭设防护栏杆或防护脚手架。

（2）浇筑混凝土时混凝土不得集中堆放。

（3）水泥、砂、石、混凝土等材料运输过程不得随处溢撒，及时清扫撒落的材料，保持现场环境整洁。

（4）混凝土振捣器使用前，必须经电工检验确认合格后方可使用。开关箱必须装设漏电保护器，插头应完好无损，电源线不得破皮漏电，操作者必须穿绝缘鞋（胶鞋），戴绝缘手套。

（5）垂直运输所使用的起重机械应严格按《塔式起重机安全规程》（GB5144—2006）和《施工升降机安全规程》（GB10055—2007）执行。

（6）脚手架要严格按《扣件式钢管脚手架安全技术规范》（JGJ130—2001）和《附着式升降脚手架标准》等的相关规定编制专项架体施工方案。

（7）施工用电应严格执行《建筑施工现场临时用电安全技术规范》（JGJ46—2005）和国务院393号令第26条，对施工现场有5台以上用电设备或用电设备总容量超过50kW以上者，必须编制临时用电施工组织设计，建筑施工现场临时用电必须符合TN-S接零保护系统、三相五线制，执行三级配电二级保护和一机一闸一箱一漏等强制性标准条文，电箱设置、线路敷设、接零保护、接地装置、电气连接、漏电保护等各种配电装置应符合相应规范要求。

☞**思考题**

1. 屋顶按照其外形可以分为哪几类？

2. 屋顶的排水坡度常用的表示方法是什么？

3. 试述卷材防水屋面、涂膜防水屋面、刚性防水屋面的主要特点。

4. 屋面工程的隐蔽工程验收内容主要包括哪些？

5. SBS改性沥青防水卷材和APP改性沥青防水卷材各适用于哪些地方？

6. 简述常用合成高分子防水卷材的特点。

7. 简述卷材防水屋面的工艺流程。

8. 简述松散材料保温层的施工方法。

9. 你了解哪几种常用涂料技术特点及性能？

10. 屋面主体涂膜防水设计的设计原则及设计要点是什么？

11. 你了解屋面涂膜防水工程质量控制、检验及验收方法吗？

12. 你能对屋面涂膜防水一些质量通病拿出防治办法吗？

13. 刚性防水屋面如何实现防水？有哪些类型？

14. 刚性防水材料有哪些基本要求？

15. 简述普通细石混凝土防水层施工操作方法。

16. 补偿收缩混凝土在养护时有哪些特殊要求？

17. 简述普通水泥砂浆防水层施工操作方法。

18. 刚性防水屋面成品保护有哪些特殊要求？

☞实训任务

任务一　热沥青胶粘贴沥青油毡

1. 材料

准备热沥青胶、沥青油毡、冷底子油。如实训条件不允许，可以用牛皮纸代替沥青油毡，用糨糊代替热沥青胶和冷底子油。

2. 工具

扫帚，钢丝刷，皮老虎，铁桶，溶剂桶，油壶，锅灶，压辊，长把刷，藤、棕刷，溜子等。

3. 操作内容

（1）操作项目：热沥青胶粘贴沥青油毡。考核可与施工生产相结合，在适合的施工部位进行。

（2）数量：1m²。

4. 操作内容及要求

（1）清理基层：要求将操作面上的尘土、杂物清扫干净；

（2）刷冷底子油：喷刷边角、管根，再喷刷大面，要求喷刷均匀无漏底；

（3）裁剪油毡：尺寸与铺贴的构造相适宜；

（4）粘贴第一层油毡：将浇油挤出、粘实，以不存空气为宜，并将挤出的沿边油刮去；

（5）粘贴第二层油毡：油毡错开及搭接缝符合要求，同时要求浇油挤出、粘实，不存空气且将沿边油刮平；

（6）蓄水检验：做好蓄水检验记录。

5. 安全注意事项

见本章的相关内容。

6. 考核内容及评分标准

热沥青胶粘贴沥青油毡操作评定见表2-24。

表2-24　　　　　　　　　　　　　热沥青胶粘贴沥青油毡操作评定

序号	测定项目	分项内容	满分	评定标准	检测点					得分
					1	2	3	4	5	
1	基层清理	过程和操作质量	10	表面无尘土、砂粒或潮湿处，一处不合格扣2分						
2	刷冷底子油	过程和操作质量	10	均匀无漏底，一点不合格扣2分						
3	裁剪油毡	过程和合理用料情况	10	尺寸与铺贴的构造相适宜，一处不合格扣2分						
4	粘贴第一层油毡	过程和操作质量	20	将浇油挤出，粘实、不存空气，并将挤出的沿边油刮平，一处不符合要求扣2~4分						
5	粘贴第二层油毡	过程和操作质量	20	将浇油挤出、粘实、不存空气，并将挤出的沿边油刮平，油毡错开及搭接缝符合要求，一处不符合要求扣2~4分						
6	蓄水检验	是否渗漏	10	一个渗漏点扣2分						
7	综合操作能力表现	符合操作规范	10	失误无分，部分一次错扣1分						
8	安全文明施工	安全生产、落手清	4	若发生重大事故则本次实习不合格，一般事故扣4分，有事故苗头扣2分；未做场地清洁无分						
9	工效	定额时间	6	开始时间：_____　结束时间：____ 用时：_____　酌情扣分：_____						
总得分：										

任务二　施涂一布三涂涂膜防水层

1. 材料

准备溶剂型SBS改性沥青防水涂料、玻璃纤维布、柴油适量。

2. 工具

扫帚，钢丝刷，皮老虎，铁桶，溶剂桶，油壶，长把刷，藤刷，铁皮刮板，胶皮刮板，滚动刷等。

3. 操作项目、数量

（1）操作项目：一布三涂涂膜防水层。考核可与施工生产相结合，在合适的施工部位进行，防水构造做法以设计为准。

（2）数量：1m²。

4. 操作内容及要求

（1）清理基层：要求将操作面上的尘土、杂物清扫干净，并检查、修补达标；

（2）配制并涂刷基层处理剂：先涂刷边角，再涂刷大面，要求涂刷均匀无漏底；

（3）裁剪玻璃纤维布：尺寸与铺贴的构造相适宜；

（4）涂刷第一层涂膜：每道涂刷两遍，涂层无气孔、气泡等缺陷，涂层平整，厚薄适宜；

（5）边铺设胎体增强材料边涂刷第二层涂膜：涂料浸透胎体，胎体平展，无褶皱，胎体不外露；

（6）涂刷第三层涂膜：要求同第一层涂膜；

（7）蓄水检验：做好蓄水检验记录。

5. 安全注意事项

见本章相关内容。

6. 考核内容及评分标准

一布三涂涂膜防水层操作评定见表2-25。

表 2-25　　　　　　　　　　　　　　一布三涂涂膜防水层操作评定表

序号	测定项目	分项内容	满分	评定标准	检测点 1	2	3	4	5	得分
1	基层清理	过程和操作质量	10	表面无尘土、砂粒或潮湿处，一处不合格扣2分						
2	配制并涂刷基层处理剂	过程和操作质量	10	配制达标；先刷边角，再刷大面，均匀无漏底，一点不合格扣2分						
3	裁剪玻璃纤维布	过程和合理用料情况	10	尺寸与铺贴的构造相适宜，一处不合格扣2分						
4	涂刷第一层涂膜	过程和操作质量	20	每道涂刷两遍，涂层无气孔、气泡等；涂层平整，厚薄适宜，一处不符合要求扣2分						
5	边铺胎体增强材料边涂第二层涂膜	过程和操作质量	10	涂料浸透胎体，胎体平展，无褶皱，胎体不外露，一处不符合要求扣2~4分						
6	涂刷第三层涂膜	过程和操作质量	10	涂刷两遍，涂层无气孔、气泡等，涂层平整，厚薄适宜，一处不符合要求扣2分						

续表

序号	测定项目	分项内容	满分	评定标准	检测点					得分
					1	2	3	4	5	
7	蓄水检验	无渗漏	10	一个渗漏点扣 2 分						
8	综合操作能力表现	符合操作规范	10	失误无分						
9	安全文明施工	安全生产、落手清	4	若发生重大事故则本次实习不合格，一般事故扣 4 分，有事故苗头扣 2 分；未做场地清洁无分						
10	工效	定额时间	6	开始时间：　　　结束时间： 用时：　　　　　酌情扣分：						
总得分：										

任务三　细石混凝土防水层施工

1. 材料

水泥、砂子、石子或混凝土、无纺布或塑料薄膜、木分格条、隔离剂、φ4 冷拔低碳钢丝等。

2. 工具

混凝土搅拌机、手推车、振捣器、木刮尺、木抹子、铁抹子、铁锹、水桶、长毛刷子、钢丝刷等。

3. 操作内容

(1) 操作项目：细石混凝土防水层施工操作。

(2) 数量：1~2m²。操作工位的工件如图 2-53 所示。

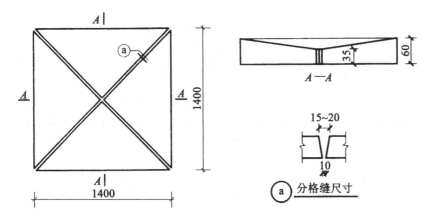

图 2-53　操作工位的工件

4. 操作内容及要求

（1）基层处理：要求工位表面洁净；干铺无纺布或塑料薄膜，要求表面平整、无褶皱；处理后的基层有严禁上人的控制措施。

（2）粘贴、安放分格条：将分格条在水中浸透，涂刷隔离剂；按规定，将分格条固定于设缝位置，要求尺寸、位置正确。

（3）绑扎钢筋网片：画出钢筋间距标记；绑扎扣成"八"字形；绑扎丝收口甩头应向下弯。

（4）浇筑细石混凝土：振捣至表面出浆；压辊滚压或抹压至泛浆；铁抹子压实、压光。适时进行三遍压光，取出分格条且保证混凝土表面平整、光滑、无抹痕。

（5）养护：适时进行覆盖，并酌情使用喷壶浇水。

5. 考核内容及评分标准

细石混凝土防水层操作评定见表 2-26。

表 2-26　　　　　　　　　　　　　细石混凝土防水层操作评定表

序号	测定项目	分项内容	满分	评定标准	检测点 1	2	3	4	5	得分
1	基层清理	过程和操作质量	10	工位表面洁净，干铺隔离层表面平整、无褶皱，有控制措施，一处不合格扣2分						
2	粘贴、安放分格条	过程和操作质量	10	分格条浸透，涂刷隔离剂，按规定固定正确，位置准确，一点不合格扣2分						
3	绑扎钢筋网片	过程和操作质量	10	画出标记，绑扎扣成"八"字形，绑扎丝收口甩头下弯，一个步骤不合格扣2分						
4	浇筑细石混凝土	过程和操作质量	40	振捣至出浆，压辊滚或抹压至泛浆，铁抹子压实，适时进行三遍压光，起出分格条，混凝土表面平整、光滑、无抹痕，一处不符合要求扣2~4分						
5	养护	过程和操作质量	10	及时覆盖并酌情浇水，一处不符合要求扣2分						
6	综合操作能力表现	符合操作规范	10	失误无分，部分一次错扣1分						
7	安全文明施工	安全生产、落手清	4	若发生重大事故则本次实习不合格，一般事故扣4分，有事故苗头扣2分；未做落手清无分，不清扣2分						
8	工效	定额时间	6	开始时间：　　　　结束时间： 用时：　　　　　　酌情扣分：						
				总得分：						

学习情境三　地下防水工程施工

☞ **教学目标**

1. 认识地下室的基本构造
2. 掌握混凝土结构自防水材料特点、要求及常用的混凝土种类
3. 掌握混凝土结构自防水施工过程及要点
4. 掌握卷材地下防水施工的外贴法施工工艺
5. 掌握自防水地下防水工程质量通病的防治方法
6. 掌握自防水地下防水工程的质量验收方法
7. 掌握防水工程量计算方法
8. 掌握防水工程施工的质量验收标准

☞ **案例引导**

某大厦位于××市大十字街口附近，属岩溶地基，地下水丰富，根据勘察报告，枯水期地下水位高程为 1052.90m，汛期地下水位高程为 1058.50m，而地下室底板高程为 1050.0m，底板承受的水头最大达 8.5m，最小 2.9m。由于地下室长期处于地下水浸泡中，又未进行地下防渗处理，在水压力作用下，地下水沿着地下室混凝土薄弱带向室内渗漏。从工地现场看，地下室混凝土薄弱带主要为后浇带混凝土施工缝、混凝土蜂窝眼。

☞ **原因分析**

（1）先浇带混凝土和后浇带混凝土的分缝处，为埋设橡胶止水带或结合槽齿，未达到防渗效果，在地下水压力作用下，该缝面成为渗水区。

（2）混凝土浇筑施工缝的处理不好。地下室底板和侧墙施工面积较大，在混凝土浇筑时，采用齿槽或凿毛的处理方法未完全达到防渗效果，成为地下水渗入的途径。

（3）局部的蜂窝眼。地下室混凝土浇筑量大，钢筋密集，局部位置未能振捣密室，地下水沿着蜂窝眼向地下室渗漏。

☞ **任务描述**

1. 工作任务

$30m^2$ 地下室的防水施工：防水等级为二级，防水做法为两道设防：第一道为抗渗强度等级为 P6 的钢筋混凝土刚性自防水；第二道采用 1.5mm 厚的聚氨酯防水涂料上再铺贴 1.5mm 厚三元乙丙丁基橡胶防水卷材一道。施工时，要保证基层平整、坚实、干燥和清

洁。地下室轴线尺寸：5000mm×6000mm，层高2700mm，墙厚300mm。如图3-1所示。

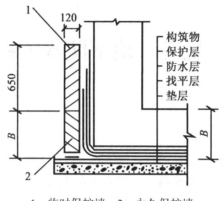

1—临时保护墙；2—永久保护墙

图 3-1　外贴法

2. 作业条件

（1）规范图集资料：《屋面工程质量验收规范》（GB50207—2002）、《屋面工程技术规范》（GB50207—2002）、《建筑施工手册》（第四版）、《建筑工程施工质量验收统一标准》（GB50300—2001）、《建筑防水施工手册》（俞宾辉编）、《防水工升级考核试题集》（雍传德编）、《进城务工实用知识与技能丛书：防水工》（重庆大学出版社）。

（2）机具：搅拌机、翻斗车、手推车、振捣器、溜槽、串桶、铁板、铁锹、吊斗、计量器具磅秤、高压吹风机、小平铲、扫帚、钢丝刷、吹风机、铁抹子、电动搅拌器、铁桶、油漆桶、皮卷尺、钢卷尺、剪刀、油漆刷、长把滚刷、橡皮刮板、木刮板、手持压辊、铁压辊铁管（或木棍）、嵌缝枪、热风焊接枪、热风焊接机、称量器、安全绳、开刀、凿子、锤子、钢丝、刷、抹布、水筒、搅拌器等。

☞ **知识链接**

项目一　地下防水混凝土施工

防水混凝土的抗压强度和抗渗压力必须符合设计要求。防水混凝土的变形缝、施工缝、后浇带、穿墙管道、埋设件等设置和构造，均必须符合设计要求，严禁有渗漏。

各种房屋的地下室及地下构筑物，其墙体及底面埋在潮湿的土中或浸在地下水中，因此，建筑物地下部分必须做防水或防潮处理。

一、防水方案

地下防水工程的设计和施工应遵循"防、排、截、堵相结合，刚柔相济，因地制宜，综合治理"的原则，并根据建筑功能及使用要求，按现行规范正确划定防水等级，合理确定防水方案。

目前，地下工程的防水方案主要有以下几种方式：

（1）采用防水混凝土结构，以调整混凝土配合比或掺外加剂等方法，来提高混凝土本身的密实度和抗渗性，使其具有一定防水能力（能满足抗渗等级要求），同时还能起到承重的结构功能。

（2）在地下结构表面附加防水层，如抹水泥砂浆防水层或贴卷材防水层等。

（3）采用防水加排水措施，即"防排结合"的方案。排水方案通常可用盲沟排水、渗排水与内排水等方法把地下水排走，以达到防水的目的。

二、地下室及地下防水混凝土构造

（一）地下室基本构造

1. 墙体

地下室的墙体不但要承担上部结构所有的荷载，而且要抵抗土体侧压力，所以，地下室墙体应具有足够的强度和稳定性。当地下水的常年水位和最高水位均在地下室地坪标高以下时，墙体应该具有良好的防水和防潮功能。一般情况下，地下室墙体采用砖墙、混凝土墙和钢筋混凝土墙。

2. 顶板

一般采用钢筋混凝土板，通常与普通楼板相同。

3. 底板

地下室的底板应具有良好的整体性和较大的刚度，同时具有抗渗和防水能力。地下室底板多采用钢筋混凝土，还要根据地下水位情况做防水和防潮处理。

4. 门窗和采光井

普通地下室的门窗和其他房间的门窗相同。为了改善地下室的室内环境，应增加开窗面积，在城市规划部门的许可下，可以在窗外设置采光井。采光井一般构造如图3-2所示。

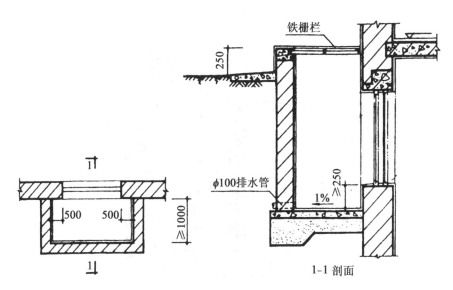

图3-2　地下室采光井构造

（二）地下防水构造

当地下水的常年水位和最高水位均高于地下室底板顶面时，地下室底板和部分墙体就会受到地下水的侵袭。地下室墙体会受到地下水侧压力的作用，地下室底板则会受到地下水浮力的影响，此时需要做防水处理。一般情况下，地下室的防水方案有附加防水层方案（即使用卷材、涂料、砂浆等作为防水措施）、结构自防水方案（使用抗渗混凝土结构，补偿收缩混凝土结构等既作为承重结构又具有防水功能）、渗排水方案（即在附加防水层或结构自防水的同时，还要设置渗水和排水措施，一般用于防水要求较高的地下室）。地下室防水的一般构造如图 3-3~图 3-6 所示。

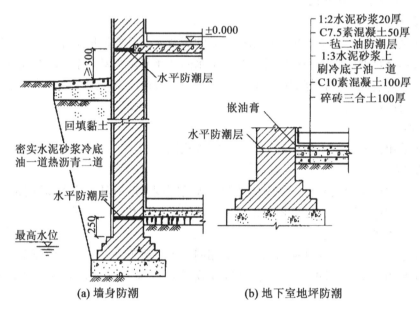

图 3-3　地下室防水构造

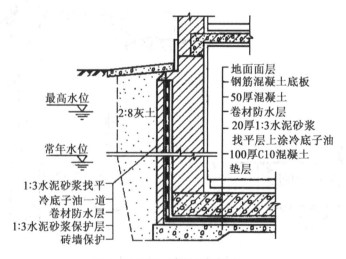

图 3-4　地下室卷材防水处理

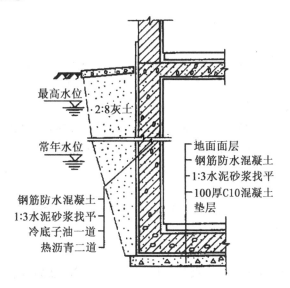

图 3-5　地下室钢筋混凝土防水处理

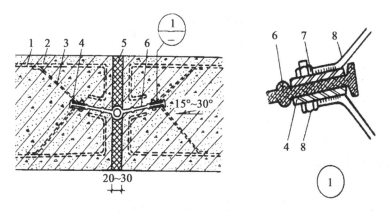

1—结构主筋；2—混凝土结构；3—固定用钢筋；4—固定止水带的扁钢；
5—留缝材料；6—中埋式止水带；7—螺母；8—螺栓

图 3-6　止水带固定方法示意图

三、施工前的准备

（一）技术准备及施工方案

地下防水工程施工前，施工单位应对图纸进行会审，掌握工程主体及细部构造的防水技术要求。图纸会审是对图纸进行识读、领会掌握的过程，也是设计人员进行交底的过程。通过会审，达到领会设计意图，掌握防水做法和质量要求的目的。

施工方案是地下工程防水施工的依据、质量的保证，使施工在安全生产的前提下有条不紊地进行，取得质量、进度、效益的全面丰收。

（二）施工机具准备

搅拌机、翻斗车、手推车、振捣器、溜槽、串桶、铁板、铁锹、吊斗、计量器具、磅秤，以及安全帽、安全带、安全网、灭火器、通风机、手套等劳保用品。

（三）材料准备

防水混凝土是以调整和控制混凝土的配合比各项技术参数的方法，提高混凝土的抗渗性，以达到防水目的。其应用技术在我国已有40多年的历史，是一种行之有效的提高混凝土防水能力的方法。其材料选择的具体要求如下：

防水混凝土宜采用普通硅酸盐水泥、火山灰质硅酸盐水泥、粉煤灰硅酸盐水泥；水泥强度等级不应低于32.5级；如掺用外加剂（一般为减水剂），亦可采用矿渣硅酸盐水泥；在受冻融作用的条件下，应优先选用普通硅酸盐水泥，不宜采用火山灰质硅酸盐水泥和粉煤灰硅酸盐水泥。

石子最大粒径不宜大于40mm；泵送混凝土中的石子最大料径应为输送管径的1/4以内；所含泥土不得呈块状或包裹石子表面，吸水率不大于1.5%；砂宜采用含泥量不得大于3.0%、泥块含量不得大于1.0%的中砂。

外加剂应根据具体情况采用减水剂、加气剂、防水剂或膨胀剂等。

（四）作业条件

施工期间，应做好基坑降排水构造，使地下水面低于施工底面30cm以下，严禁地下水和地表水流入基坑造成积水，影响混凝土硬化，导致防水混凝土强度和抗渗性的降低。主体混凝土结构施工前必须做好基础垫层，起辅助防水作用。

四、防水混凝土施工

（一）施工要求

施工质量的好坏直接关系到自防水混凝土的防水效果，因此，施工人员必须严格按照操作要求做好每一道工序的施工。

要使防水混凝土结构工程的质量得到保证，应该注意以下几个方面：

1. 合理设计

要求设计人员设计合理，特别应注意节点的构造设计。

2. 精心选择材料

防水混凝土的质量优劣与材料密切相关，因此，在材料选择方面应严把质量关，特别是外加剂的使用应严格遵照有关规定执行。

3. 试验确定配合比

防水混凝土应比设计抗渗等级提高0.2MPa选定配合比，防水混凝土使用的配合比必须经过试验后才能用于施工现场，现场施工时，应严格按照该配合比确定各种材料的用量。

4. 精心组织施工

施工质量的优劣对防水混凝土的防水效果影响很大，防水混凝土施工过程中除了应执行一般混凝土施工的有关规定以外，在各个环节均应严格遵循施工及验收规范的各项规定组织施工，施工单位可以根据自身的实际情况制定专门的"工法"，不断提高施工技术水平。

（二）防水混凝土的施工要点

防水混凝土结构与一般混凝土结构相比，长期处在被土覆盖的地下，而且要承受地下水的侵蚀，所以，在防水混凝土施工时要严把质量关，大面积混凝土的施工及节点处理都必须严格按图纸及规范要求，这样才能保证防水的效果。

1. 防水混凝土的搅拌

防水混凝土在搅拌时，必须严格按照重量比配制混凝土，材料称量偏差不得超过规范的规定：水泥、水、外加剂、掺和料的每盘计量允许偏差不应大于±2%；砂、石的每盘计量允许偏差不应大于±3%。

防水混凝土采用机械搅拌，搅拌时间不少于120秒，在搅拌时，如果使用外加剂，搅拌时间必须严格按照所用外加剂的要求执行，外加剂的添加量务必准确，严格按照事先试验确定的量添加，添加方法按照产品说明书的要求操作。

2. 防水混凝土的运输

防水混凝土运输过程中注意不要发生漏浆，因为混凝土中水泥砂浆量的多少是影响混凝土密实性优劣的重要因素；在混凝土运输过程中要注意混凝土不得发生离析现象（离析现象是指混凝土中的水泥砂浆与石子发生分离，砂浆上浮，石子下沉），否则，在浇筑之前必须二次搅拌，以保证混凝土成分的均匀。

如果混凝土运到浇筑地点因为坍落度损失不能满足施工要求时，不得直接加水搅拌，应加入原水灰比的水泥浆进行搅拌。

3. 模板

防水混凝土所用模板除应满足一般要求外，还应选择吸水性小的材料，在使用前，应浇水湿润，模板拼缝应严密，支撑牢固。一般不宜用螺栓或铁丝贯穿混凝土墙固定模板，以防止由于螺栓或铁丝贯穿混凝土墙面而引起渗漏水，影响防水效果。但是，当墙较高、较厚，需用螺栓贯穿混凝土墙固定模板时，应采取止水措施。一般可采用螺栓加焊止水环、套管加焊止水环、螺栓加堵头等方法加强其防水效果，如图3-7~图3-9所示。

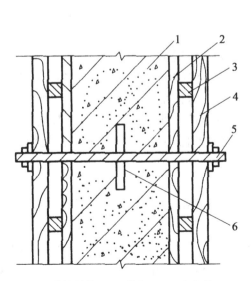

1—维护结构；2—模板；3—小龙骨；
4—大龙骨；5—螺栓；6—止水环
图3-7 螺栓加焊止水环

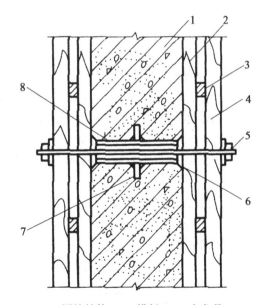

1—围护结构；2—模板；3—小龙骨；
4—大龙骨；5—螺栓；6—垫木；7—止水环；8—套管
图3-8 套管加焊止水环

在图 3-7 中，垫木的作用是为了防止套管与模板接触处漏浆，拆除模板时应一并拆除，并用膨胀水泥砂浆连同套管孔填实。

在图 3-9 中，螺栓割断位置应紧贴堵头板，以便用膨胀水泥砂浆做封闭处理。

防水混凝土结构拆模时，必须注意结构表面与周围环境的温差不应过大（一般不大于 15℃），否则，会由于混凝土结构表面局部产生温度应力而出现裂缝，影响混凝土的抗渗性。拆模后应及时进行回填土，以避免混凝土因干缩和温度产生裂缝，也有利于混凝土后期强度的增长和抗渗性提高。

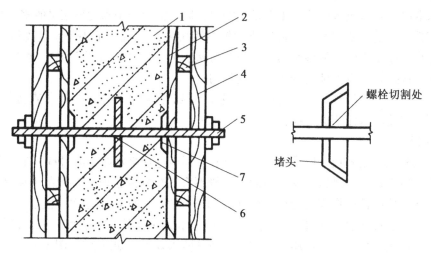

1—围护结构；2—模板；3—小龙骨；4—大龙骨；5—螺栓；6—止水环；7—墙头

图 3-9　螺栓加堵头

4. 钢筋

为了有效地保护钢筋混凝土中的钢筋，迎水面防水混凝土的钢筋保护层厚度不得小于 50mm，当防水混凝土结构直接处于侵蚀性介质中时，保护层厚度不应小于 50mm。底板钢筋不得使用马凳支撑在垫层上来满足保护层的厚度，应使用与混凝土同标号的细石混凝土或水泥砂浆垫块垫起钢筋，如必须使用马凳来支撑钢筋，则必须加止水环，其他钢筋以及绑扎用钢丝等均不得接触模板。钢筋密集的结构构件，宜采用致密实高性能混凝土浇筑。

5. 混凝土浇筑

混凝土浇筑时的自由落差一般不大于 2m，以防止混凝土发生离析，否则，应采用串筒、溜槽等措施浇筑混凝土。

混凝土浇筑时，应严格做到分层、连续进行，每层厚度不宜超过 300~400mm。两次浇筑的时间间隔一般不超过 2 小时。混凝土应采用机械振捣密实，振捣时间宜为 10~30秒，以混凝土开始泛浆和混凝土表面不再冒气泡为准，避免漏振、欠振和超振。掺引气剂或引气型减水剂时，应采用高频插入式振动器振捣。

防水混凝土浇筑后严禁打洞，因此，所有的预留孔都要留设准确，预埋件应埋设无误。

6. 施工缝处理

在防水混凝土施工过程中，应尽量少留设施工缝，另外，还应注意施工缝的留设位置。一般，混凝土结构的施工缝留设在结构剪力较小且便于施工的位置，而地下结构的施工缝要求留设在结构受剪力和弯矩较小的位置。这种差别必须引起注意，以免因为施工缝留设位置不当而影响防水效果。

地下结构的顶板和底板不宜留施工缝；顶拱、底拱不宜留纵向施工缝；墙体和底板交接处不得留施工缝，施工缝可留在底板表面以上不小于300mm的墙体上；墙体上有孔洞时，施工缝距孔洞边缘不宜小于300mm；墙体上宜留水平施工缝，垂直施工缝应留在结构的变形缝处。

为加强施工缝处的防水效果，一般采用凹缝、凸缝、V形缝、阶梯缝等形式，如图3-10（a）、（b）、（c）所示，这样可以增加水的渗流路径长度，提高结构抗渗的能力；如果采用平直缝，如图3-10（d）所示，则必须与金属止水板配合使用，止水板的接长要采用满焊。

施工缝上、下两层混凝土浇筑时间间隔不能太长，以免接缝处新旧混凝土收缩值相差过大而产生裂缝。在继续浇筑混凝土之前，原来的混凝土强度必须达到1.2N/mm²，应将施工缝处原来松散的混凝土及浮浆凿掉，使表面均匀露出石子，然后清理表面浮粒和杂物，用水冲洗干净，保持一定时间（不少于24小时）的湿润，再铺一层20~25mm与混凝土中砂浆相同的水泥砂浆，再正常浇筑混凝土。

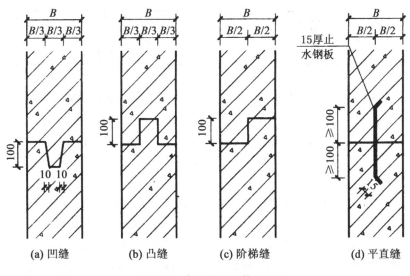

(a) 凹缝　　　　(b) 凸缝　　　　(c) 阶梯缝　　　　(d) 平直缝

图3-10　水平施工缝构造图

防水混凝土的养护质量对其抗渗性有重要影响，因为防水混凝土中胶结材料用量较多，收缩性大，如养护不良，易使混凝土表面产生裂缝，导致抗渗能力降低。因此，在常温下，混凝土终凝后（一般浇筑后4~6小时），就应在其表面覆盖草袋，并经常浇水养护，保持湿润，以防止混凝土表面水分过快蒸发，造成水泥水化不充分，使混凝土产生干裂，失去防水能力。由于抗渗等级的发展比较缓慢，所以防水混凝土的养护时间要比普通混凝土长一些，一般不少于 14 天。

7. 变形缝和后浇带

防水混凝土中的变形缝处理方法如图 3-11 所示。

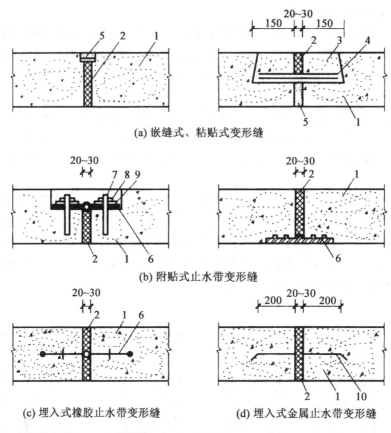

(a) 嵌缝式、粘贴式变形缝

(b) 附贴式止水带变形缝

(c) 埋入式橡胶止水带变形缝　　(d) 埋入式金属止水带变形缝

1—围护结构；2—填缝材料；3—细石混凝土；4—橡胶片；5—嵌缝材料；
6—止水带；7—螺栓；8—螺母；9—压铁；10—金属止水带

图 3-11　变形缝防水处理

防水混凝土自防水结构后浇带应设置在受力较小的部位，宽度可为 1m。后浇带可做平直缝或阶梯缝，如图 3-12 所示。如果设计未做要求，后浇带应在其两侧混凝土养护 40 天后再施工。施工前，应将接缝处的混凝土凿毛，清洗干净，保持湿润，并刷水泥净浆，用不低于两侧混凝土强度等级的补偿收缩混凝土浇筑，振捣密实，后浇带混凝土养护的时间不得少于 28 天。

五、防水混凝土的质量控制与验收

（一）质量控制和验收工作中有关规定

（1）《建筑工程施工质量验收统一标准》规定，地下防水工程为一个子分部工程。其分项工程按检验批进行验收，有助于及时纠正施工中出现的质量问题，确保工程质量，符

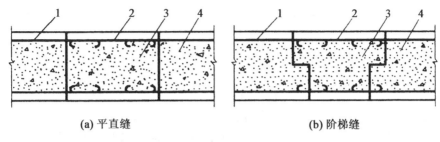

(a) 平直缝　　　　　　　　　　**(b) 阶梯缝**

1—主钢筋；2—附加钢筋；3—后浇混凝土；4—先浇混凝土

图 3-12　混凝土后浇带示意图

合施工实际的需要。分项工程检验批的质量应按主控项目和一般项目进行验收。主控项目是对建筑工程的质量起决定性作用的检验项目，规范条文为国标强制性条文，必须严格执行。防水工程的施工质量，应按构成分项工程的各检验批符合相应质量标准要求。分项工程检验批不符合质量标准要求时，应及时进行处理。

（2）地下防水工程验收的文件和记录体现了施工全过程控制，必须做到真实、准确、不得有涂改和伪造，各级技术负责人签字后方可有效。

（3）隐蔽工程为后续的工序或分项工程覆盖、包裹、遮挡的前一分项工程。如变形缝构造、渗排水层、衬砌前围岩渗漏水处理等，经过检查验收质量符合规定方可进行隐蔽，避免因质量问题造成渗漏或不易修复而直接影响防水效果。

（4）规定地下建筑防水、特殊施工法防水、排水和注浆等工程施工质量的基本要求，主要用于子分部工程验收时进行的观感质量验收。工程观感质量由验收人员通过现场检查，并应共同确认。

（5）根据《建筑工程施工质量验收统一标准》的规定，建筑工程施工质量验收时，对涉及结构安全和使用功能的重要分部（子分部）工程应进行抽样检测。因此，地下防水工程验收时，应检查地下工程有无渗漏现象，检验后应填写安全和功能检验（检测）报告，作为地下防水工程验收的文件和记录之一。

（6）地下防水工程完成后，应由施工单位先行自检，并整理施工过程中的有关文件和记录，确认合格后，会同建设（监理）单位共同按质量标准进行验收。子分部工程的验收，应在分项工程通过验收的基础上，对必要的部位进行抽样检验和使用功能满足程度的检查。子分部工程应由总监理工程师（建设单位项目负责人）组织施工技术质量负责人进行验收。

（7）地下防水工程验收时，施工单位应将验收文件和记录提供总监理工程师（建设单位项目负责人）审查，检查无误后方可作为存档资料。水量调查与量测方法应按规范执行。检验后应填写安全和功能检验（检测）报告，作为地下防水工程验收的文件和记录之一。

（二）质量验收标准

（1）质量验收标准适用于防水等级为 1~4 级的地下整体式混凝土结构。不适用环境温度高于 80℃ 或处于耐侵蚀系数小于 0.8 的侵蚀性介质中使用的地下工程。

（2）防水混凝土所用的材料应符合下列规定：

①水泥品种应按设计要求选用，其强度等级不应低于 32.5 级，不得使用过期或受潮结块水泥。

②碎石或卵石的粒径宜为 5~40mm，含泥量不得大于 1.0%，泥块含量不得大于 0.5%。

③砂宜用中砂，含泥量不得大于 3.0%，泥块含量不得大于 1.0%。

④拌制混凝土所用的水，应采用不含有害物质的洁净水。

⑤外加剂的技术性能，应符合国家或行业标准一等品及以上的质量要求。

⑥粉煤灰的组别不应低于二级，掺量不宜大于 20%；硅粉掺量不应大于 3%，其他掺和料的掺量应通过试验确定。

（3）防水混凝土的配合比应符合下列规定：

①试配要求的抗渗水压值应比设计值提高 0.2MPa。

②水泥用量不得少于 300kg/m³；掺有活性掺和料时，水泥用量不得少于 280kg/m³。

③砂率宜为 35%~45%，灰砂比宜为 1:2~1:2.5。

④水灰比不得大于 0.55。

⑤普通防水混凝土坍落度不宜大于 50mm，泵送时入泵坍落度宜为 100~140mm。

（4）混凝土拌制和浇筑过程控制应符合下列规定：混凝土在浇筑地点的坍落度，每工作班至少检查两次。混凝土的坍落度试验应符合现行《普通混凝土拌和物性能试验方法》（GB/T50080—2002）的有关规定。

混凝土实测的坍落度与要求坍落度之间的偏差应符合表 3-1 的规定。

表 3-1   混凝土坍落度允许偏差

要求坍落度（mm）	允许偏差（mm）
≤400	±10
50~90	±15
≥100	±20

（5）防水混凝土抗渗性能应采用标准条件下养护混凝土抗渗试件的试验结果评价。试件应在浇筑地点制作。

连续浇筑混凝土每 500m³ 应留置一组抗渗试件（一组为 6 个抗渗试件），且每项工程不得少于两组。采用预拌混凝土的抗渗试件，留置组数应视结构的规模和要求而定。

抗渗性能试验应符合现行《普通混凝土长期性能和耐久性能试验方法》（GB/T0082—2009）的有关规定。

（6）防水混凝土的施工质量检验数量应按混凝土外露面积每 100m² 抽查 1 处，每处 10m²，且不得少于 3 处；细部构造应按全数检查。

（三）施工过程中质控、检验与验收

1. 防水混凝土的质量验收项目

（1）主控项目。

①防水混凝土的原材料、配合比及坍落度必须符合设计要求。检验方法：检查出厂合格证、质量检验报告、计量措施和现场抽样试验报告。

②防水混凝土的抗压强度和抗渗压力必须符合设计要求。检验方法：检查混凝土抗压、抗渗试验报告。

防水混凝土的抗压强度取样每组 3 块，尺寸为 150mm×150mm×150mm 的立方体试块；防水混凝土的抗渗强度取样每组 6 块，尺寸为 150mm×150mm×150mm 的圆柱体或 175mm×85mm×150mm 的圆台试块。

③防水混凝土的变形缝、施工缝、后浇带、穿墙管道、预埋件等设置和构造，均须符合设训要求，严禁出现渗漏。检验方法：观察检查和检查隐蔽工程验收记录。

（2）一般控制项目。

①防水混凝土结构表面应坚实、平整，不得有露筋、蜂窝等缺陷；埋设件位置应正确。检验方法：观察和尺量检查。

②防水混凝土结构表面的裂缝宽度不应大于 0.22mm，并不得贯通。检验方法：用刻度放大镜检查。

③防水混凝土结构厚度不应小于 250mm，其允许偏差为+15mm、-10mm；迎水面钢筋保护层厚度不应小于 50mm，其允许偏差为±10mm。检验方法：尺量检查和检查隐蔽工程验收记录。

地下防水工程施工应按工序或分项进行验收，构成分项工程的各检验批应符合规范相应质量标准的规定。

2. 验收文件和记录

（1）水泥、砂、石、外加剂、掺和料合格证及抽样试验报告。

（2）预拌混凝土的出厂合格证。

（3）防水混凝土的配合比单及因原材料情况变化的调整配合比单。

（4）材料计量检验记录及计量器具合格检定证明。

（5）坍落度检验记录。

（6）隐蔽工程验收记录。

（7）技术复核记录。

（8）抗压强度和抗渗压力试验报告。

（9）施工记录（包括技术交底记录及"三检"记录）。

（10）本分项工程验收批的验收记录。

（11）施工方案。

（12）设计图纸及设计变更资料。

（13）防水混凝土检验批质量验收记录，见表3-2。

表 3-2 　　　　　　　　　**防水混凝土检验批质量验收记录**（摘自 GB50208—2002）

单位（子单位）工程名称				
分部（子分部）工程名称			验收部位	
施工单位			项目经理	
施工执行标准名称及编号				

		施工质量验收规范的规定	施工单位检查评定记录	监理（建设）单位验收记录
主控项目	1	原材料、配合比坍落度	第 4.1.7 条	
	2	抗压强度、抗渗压力	第 4.1.8 条	
	3	细部做法	第 4.1.9 条	
一般项目	1	表面质量	第 4.1.10 条	
	2	裂缝宽度	≤0.2mm，并不得贯通	
	3	防水混凝土结构厚度 ≥250mm 迎水面保护层 50mm	+15mm −10mm ±10mm	

施工单位检查评定结果	专业工长（施工员）		施工班组长	
	项目专业质量检查员： 　　　　年 月 日			
监理（建设）单位验收结论	专业监理工程师： (建设单位项目专业技术负责人)： 　　年 月 日			

六、施工安全环保要求

（一）安全要求

（1）施工人员必须经过安全培训，考核合格后方可上岗。

（2）下达施工计划时，应同时下达具体的安全措施，并于施工当天再次提出安全施工的具体注意事项。

（3）落实安全施工的各种责任制度，应落实到岗位，责任到人。

（4）防水混凝土施工期间应以漏电保护、防机械事故为安全工作重点，切实做好防护工作。

（5）进入施工现场要正确配戴安全帽，作业人员衣着应有利于施工，禁止穿硬底鞋作业。

（6）混凝土浇筑前，必须检查模板等支撑系统的稳定。雪天要注意防滑，及时清除钢筋上、模板内及脚手架上的冰雪冻块。

（7）混凝土浇筑前，应观察基坑的周边是否有裂缝，严防基坑塌方。

（8）晚上作业，必须设置足够的灯光照明。

（二）环保要求

（1）严格按施工组织设计要求合理布置工地现场的临时设施，做到材料堆放整齐、标识清楚。施工现场每日清扫，严禁在施工现场随地大小便。

（2）做好安全防火工作，严禁施工现场吸烟或其他不文明行为。

（3）注意施工废水排放，防止造成下水道堵塞。

项目二 地下防水卷材施工

卷材防水层适用于受侵蚀性介质作用，或受振动作用的地下工程需防水的结构。铺设卷材的基层要求坚实、平整、清洁、干净，不得有突出的尖角和凹坑或表面起砂现象。

一、地下防水卷材构造

地下防水工程一般把卷材防水层放置在建筑结构的外侧，这种方法可以借助土压力将防水层压紧并与结构一起抵抗有地下压力水的渗透和侵蚀作用。其构造做法按其与地下维护结构施工的先后顺序，分为外防外贴法和外防内贴法两种，如图 3-13、图 3-14 所示。

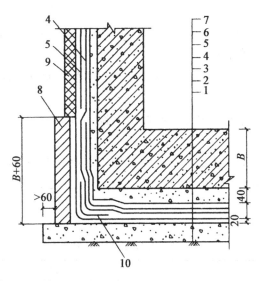

1—素土夯实；2—混凝土垫层；3—20 厚 1：2.5 补偿收缩水泥砂浆找平；

4—卷材防水层；5—油毡保护层；6—40mm 厚 C20 细石混凝土保护层；

7—钢筋混凝土结构层；8—永久性保护墙抹 20 厚 1：3 防水砂浆找平层；

9—5~6mm 厚聚乙烯泡沫塑料片材或 40mm 厚聚苯乙烯泡沫塑料保护层；10—附加防水层

图 3-13 卷材防水层外防外贴法

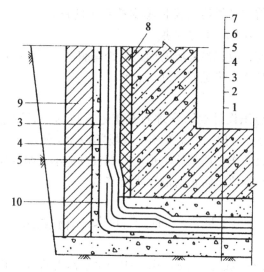

1—素土夯实；2—混凝土垫层；3—20厚1：2.5补偿收缩水泥砂浆找平层；
4—卷材防水层；5—油毡保护层；6—40厚C20细石混凝土保护层；7—钢筋混凝土结构层；
8—5～6mm厚聚乙烯泡沫塑料保护层；9—永久性保护墙体；10—附加防水层

图3-14　卷材防水层外防内贴法

二、施工准备

（一）技术准备

（1）卷材防水层施工前，应进行详细的技术交底，使所有施工人员了解技术要求，掌握工艺流程和操作工艺要求。

（2）卷材防水层施工前，必须由具有相应资质的防水施工队伍组织施工，主要施工人员应持证上岗。

（3）原材料、半成品通过定样、检查（实验）、验收。

（二）施工机具准备

卷材防水施工的主要机具是垂直运输机具和作业面水平运输机具，铺贴施工中的压辊、喷灯、热熔所需的小型机具。冷粘法常用施工机具见表3-3。热熔法常用施工机具见表3-4。

表3-3　　　　　　　　　　　　　　冷粘法常用施工机具

名称	规格	用量	用途
小平铲	小型	3把	清理基层
扫帚		8把	清理基层
钢丝刷		3把	清理基层
高压吹风机		1台	清理基层
铁抹子		2把	修补基层及末端收头

续表

名称	规格	用量	用途
皮卷尺	50m	1只	测量弹线
钢卷尺	2m	5只	测量弹线
小线绳		50m	测量弹线
彩色粉		0.5kg	测量弹线
粉笔		1盒	测量弹线
搅拌用木辊	$\phi 20mm \times 1000mm$	5根	搅拌材料
开桶刀		2把	开桶
剪刀		5把	剪裁卷材
铁桶	10L	2个	粘结剂容器
小油漆桶	3L	5把	粘结剂容器
油漆刷	5cm、10cm	各5把	涂刷粘结剂等
漆刷	$\phi 60mm \times 300mm$	15把/1000m^2	涂刷粘结剂等
橡胶刮板	30kg	3把	涂刷粘结剂等
铁管	$\phi 40mm \times 50mm$	2根	展铺卷材
铁压辊		2个	压实卷材用
手持压辊		10个	压实卷材用
安全带		5条	安全防护
棉丝		10kg/1000m^2	擦拭工具等
工具箱		2个	存放工具

表3-4　　　　　　　　　　　　　　**热熔法常用施工工具**

名称	规格	用量	用途
单头热熔手持喷枪		2~4把	
移动式乙炔喷枪	专用工具	1~2把	烘烤热熔卷材
手持喷灯		2~4个	
高压吹风机	300W	1台	
小平铲	50~100mm	若干个	清理基层
扫帚、钢丝刷	常用	若干把	
铁桶、木棒	20L、1.2m	各一个	搅拌、盛装底涂料
长把滚刷	$\phi 60mm \times 250mm$	5把	涂刷底涂料
油漆刷	50~100mm	各5把	
裁刀、剪刀、壁纸刀	常用	各5把	剪裁卷材

名称	规格	用量	用途
卷尺、盒尺、钢板尺		各2个	丈量工具
粉线盒、粉线盒		各1个	弹基准线、画笔
手持铁压辊	φ40mm×（50~80mm）	5个	压实搭接边卷材
射钉枪、铁锤		各5把	末端卷材钉压固定
干粉灭火器		10台	消防备用
铁铲、铁抹子		各2把	填平找平层及女儿墙凹槽
手推车		2辆	搬运机具
工具箱		2个	存放工具

（三）作业条件

（1）基层已经完成，并通过相关的质量验收。

（2）地下结构基层表面应平整、牢固，不得有起砂、空鼓等缺陷。

（3）基层表面应洁净干燥，含水率不应大于9%。

（四）材料要求

地下工程的卷材防水层，要求防水部位的结构具有足够的坚固性，能够为卷材防水层同防水结构共同工作提供条件。若结构基层不坚固，则卷材防水层容易在外力作用下产生变形、开裂，影响防水效果。因此，卷材防水层适用于铺贴在整体的混凝土结构基层上，以及铺贴在整体的水泥砂浆等找平层上。

铺贴卷材的基层表面必须牢固平整、清洁干净。转角处应做成圆弧形或钝角。卷材铺贴前宜使基层表面干燥。在垂直面上铺贴卷材时，为提高卷材与基层的粘结性，应满涂冷底子油；而在平面上，由于卷材防水层上面压有底板或保护层，不会产生滑脱或流淌现象，因此可以不涂刷冷底子油。

地下防水使用的卷材要求抗拉强度高，延伸率大，具有良好的韧性和不透水性，膨胀率小且有良好的耐腐蚀性，应尽量采用品质优良的沥青卷材或新型防水卷材，如高聚物改性沥青防水卷材、合成高分子防水卷材。

三、卷材防水层施工

地下防水工程一般把卷材防水层设置在建筑结构的外侧，称为外防水。它与卷材防水层设在结构内侧的内防水相比较具有以下优点：外防水的防水层在迎水面，受压力水的作用紧压在结构上，防水效果良好；内防水的卷材防水层在背水面，受压力水的作用容易局部脱开，外防水造成渗漏机会比内防水少，因此，一般多采用外防水。

（一）基层清理

基层表面应平整坚实，转角处应做成圆弧形，局部孔洞、蜂窝、裂缝应修补严密，表面应清洁，无起砂、脱皮现象，保持表面干燥，并涂刷基层处理剂。表面不干时，可涂刷湿固化型胶粘剂或潮湿界面隔离剂。界面处理剂干燥后方可进行下一道工序的施工。

（二）基层弹分条铺贴线

在处理好的基层上，按卷材的铺贴方案，弹出每幅卷材、贴线，保证不歪斜。后面卷材铺贴时，同样要在铺贴好的卷弹铺贴线。

（三）外防水设置

外防水有两种设置方法，即外防外贴法和外防内贴法。

1. 外防外贴法

外防外贴法是将立面卷材防水层直接铺设在需防水结构的外墙外表面，如图 3-15 所示。外贴法的施工操作要点如下：

（1）先浇筑需防水结构的底面混凝土垫层。

（2）垫层上砌筑永久性保护墙，墙下铺一层干油毡；墙的高度不小于需防水结构底板厚度再加 100mm。

（3）永久性保护墙上用石灰砂浆接砌临时保护墙，墙高为 300mm；永久性保护墙上抹 1：3 水泥砂浆找平层，在临时保护墙上抹石灰砂浆找平层，并刷石灰浆；如用模板代替临时性保护墙，应在其上涂刷隔离剂。

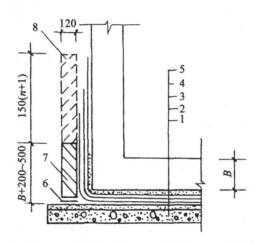

1—垫层；2—找平层；3—卷材防水层；4—保护层；5—构筑物；6—油毡；

7—永久性保护墙；8—临时性保护墙

图 3-15 外贴法

（4）待找平层基本干燥后，即可根据所选卷材的施工要求进行铺贴；大面积铺贴卷材之前，应先在转角处粘贴一层卷材附加层，然后进行大面积铺贴，先铺平面，后铺立面。

（5）在垫层和永久性保护墙上应将卷材防水层空铺，而在临时保护墙（或模板）上应将卷材防水层临时贴附，并分层临时固定在其顶端；浇筑需防水结构的混凝土底板和墙体。

（6）主体结构完成后，铺贴立面卷材时，应先将接掩蔽部位的各层卷材揭开，并将其表面清理干净，如卷材有局部损伤，应及时进行修补。

卷材接槎的搭接长度，高聚物改性沥青卷材为 150mm，合成高分子卷材为 100mm。

当使用两层卷材时，卷材应错掩蔽接缝，上层卷材应盖过下层卷材。砌筑永久保护墙，并每隔 5~6m 及在转角处断开，断开的缝中填以卷材条或沥青麻丝；保护墙与卷材防水层之间的空隙应边砌边以砌筑砂浆填实，保护墙完工后方可回填土。

卷材的甩槎、接缝做法如图 3-16 所示。

2. 外防内贴法

外防内贴法是浇筑混凝土垫层后，在垫层上将永久保护墙全部砌好，将卷材防水层铺贴在垫层和永久保护墙上，如图 3-17 所示。

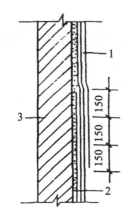

1—卷材防水层；2—找平层；
3—待施工的地下构筑物
图 3-16　阶梯形接缝

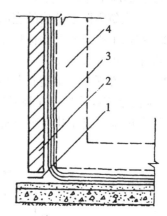

1—平铺油毡层；2—砖保护墙；
3—卷材防水层；4—墙体结构；
图 3-17　内贴法施工示意图

内贴法施工顺序是：在混凝土底板垫层做好后，先在四周砌筑铺贴卷材防水层用的永久性保护墙，在垫层和保护墙上抹水泥砂浆找平层，待找平层干燥后，涂刷冷底子油一道，然后铺贴卷材防水层。为了便于施工操作，且避免在铺贴墙面卷材时使底板面的卷材防水层遭受损伤，应先贴重点面，后贴水平面。贴墙面卷材时，应先贴转角，后贴大面。铺贴完毕，转角的卷材铺贴做法如图 3-18 所示。然后再做卷材防水层的保护层。垂直面

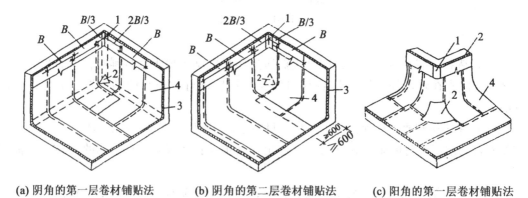

(a) 阴角的第一层卷材铺贴法　　(b) 阴角的第二层卷材铺贴法　　(c) 阳角的第一层卷材铺贴法

B—卷材幅宽
图 3-18　转角的卷材铺贴法

的保护层做法是：在墙面上涂刷防水层的最后一层沥青胶结材料时，趁热粘上干净的热砂或散麻丝，使防水层表面粗糙，冷却后随即铺抹一层 10～20mm 厚的 1：3 水泥砂浆保护层；水平面上卷材防水层的保护层做法，与外贴法时相同。保护层做完以后，再进行构筑物的底板与墙身施工。

四、特殊部位的防水处理

（一）管道埋设处的防水处理

管材埋设件与卷材防水层连处的做法如图 3-19 所示。卷材防水层应粘贴在套管的法兰盘粘贴宽度至少为 100mm，并用夹板将卷材压紧。

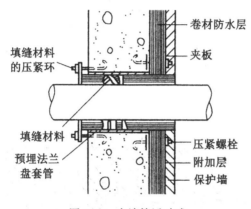

图 3-19　穿墙管活动式

（二）变形缝的防水处理

不承受水压的地下结构变形缝内应用加防腐填料的沥青浸过的毛毡、麻丝或纤维填塞严密，并用防水性能优良的油膏封缝，如图 3-20 所示。

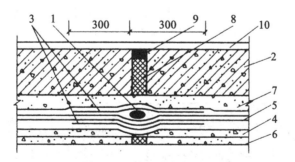

1—浸过沥青的垫圈；　2—底板；3—加铺的油毡；4—砂浆找平层；5—油毡防水层；6—混凝土垫层；
7—砂浆结合层；8—填缝材料；9—油膏封缝；10—砂浆面层
图 3-20　不受水压的结构的变形缝做法

承受水压的地下结构变形缝处除填塞防水材料外，还应装入止水带，以确保结构变形时保持良好的防水能力。止水带分为金属止水带和橡胶、塑料止水带。变形缝的几种复合防水构造，如图 3-21~图 3-23 所示。对环境温度高于 50℃时的变形缝，可采用 2mm 厚的紫铜片或 3mm 厚不锈钢等金属止水带，其中间呈圆弧形，如图 3-24 所示。

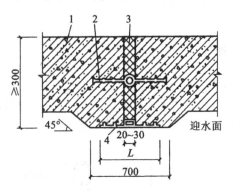

外贴式止水带 $L \geqslant 300$　外贴防水卷材 $L \geqslant 400$　外涂防水涂层 $L \geqslant 400$
1—混凝土结构；2—中埋式止水带；3—填缝材料；4—外贴防水层
图 3-21　中埋式止水带与外贴防水层复合使用

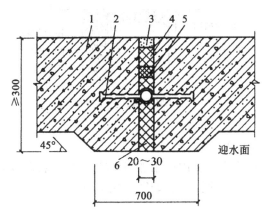

1—混凝土结构；2—中埋式止水带；3—嵌缝材料；4—背衬材料；5—遇水膨胀橡胶条；6—填缝材料
图 3-22　中埋式止水带与遇水膨胀橡胶条、嵌缝材料复合使用

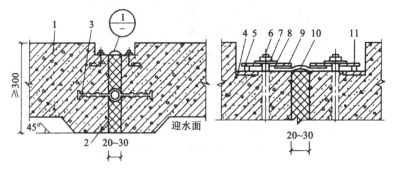

1—混凝土结构；2—填缝材料；3—中埋式止水带；4—预埋钢板；5—紧固件压板；6—预埋螺栓；
7—螺母；8—垫圈；9—紧固件压块；10—Q 形止水带；11—紧固件圆钢
图 3-23　中埋式止水带与可卸式止水带复合使用

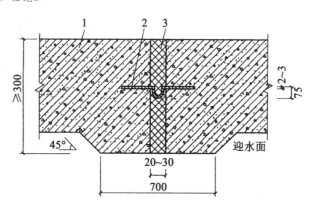

1—混凝土结构；2—金属止水带；3—填缝材料

图 3-24　中埋式金属止水带

五、质量检验、控制与验收

（一）明确卷材防水有关规定

（1）卷材防水层适用于受侵蚀性介质或受振动作用的地下工程主体迎水面铺贴的卷材防水层。

（2）卷材防水层应采用高聚物改性沥青防水卷材和合成高分子防水卷材。所选用的基层处理剂、胶粘剂、密封材料等配套材料，均应与铺贴的卷材材性相容。

（3）铺贴防水卷材前，应将找平层清扫干净，在基面上涂刷基层处理剂；当基面较潮湿时，应涂刷湿固化型胶粘剂或潮湿界面隔离剂。

（4）防水卷材厚度选用应符合表 3-5 的规定。

表 3-5　　　　　　　　　　　　　　　　**防水卷材厚度**

防水等级	设防道数	合成高分子防水卷材	高聚物改性沥青防水卷材
1 级	三道或三道以上设防	单层：不应小于 1.5mm	单层：不应小于 4mm
2 级	二道设防	双层：每层不应小于 1.2mm	双层：每层不应小于 3mm
3 级	一道设防	不应小于 1.5mm	不应小于 4mm
	复合设防	不应小于 1.2mm	不应小于 3mm

（5）两幅卷材短边和长边的搭接宽度均不应小于 100mm。采用多层卷材时，上下两层和相邻两幅卷材的接缝应错开 1/3 幅宽，且两层卷材不得相互垂直铺贴。

（6）冷粘法铺贴卷材应符合下列规定：胶粘剂涂刷应均匀，不露底，不堆积；铺贴卷材时，应控制胶粘剂涂刷与卷材铺贴的间隔时间，排除卷材下面的空气，并辊压粘结牢固，不得有空鼓；铺贴卷材应平整、顺直，搭接尺寸正确，不得有扭曲、皱折；接缝口应用密封材料封严，其宽度不应小于 10mm。

（7）热熔法铺贴卷材应符合下列规定：火焰加热器加热卷材应均匀，不得过分加热或烧穿卷材；厚度小于 3mm 的高聚物改性沥青防水卷材，严禁采用热熔法施工；卷材表面热熔后应立即滚铺卷材，排除卷材下面的空气，并辊压粘结牢固，不得有空鼓；滚铺卷材时，接缝部位必须溢出沥青热熔胶，并应随即刮封接口，使接缝粘结严密；铺贴后的卷材应平整、顺直，搭接尺寸正确，不得有扭曲、皱折。卷材防水层完工并经验收合格后应及时做保护层。

（8）保护层应符合下列规定：顶板的细石混凝土保护层与防水层之间宜设置隔离层，底板的细石混凝土保护层厚度应大于50mm；侧墙宜采用聚苯乙烯泡沫塑料保护层，或砌砖保护墙（边砌边填实）和铺抹30mm厚水泥砂浆。

（二）质量检验

地下工程卷材防水层施工质量的检验数量按铺贴面积每100m² 抽查一处，每处10m²，不少于3处。

（三）质量控制与验收

1. 主控项目

（1）卷材防水层所用卷材及主要配套材料必须符合设计要求。检验方法：检查出厂合格证、质量检验报告和现场抽样试验报告。

（2）卷材防水层及其转角处、变形缝、穿墙管道等细部做法均需符合设计要求。检验方法：观察和检查隐蔽工程验收记录。

2. 一般项目

（1）卷材防水层的基层应牢固，基面应洁净、平整，不得有空鼓、松动、起砂和脱皮现象；基层阴阳角处应做成圆弧形。检验方法：观察检查和检查隐蔽工程验收记录。

（2）卷材防水层的搭接缝应粘（焊）结牢固，密封严密，不得有皱折、翘边和鼓泡等缺陷。检验方法：观察检查。

（3）侧墙卷材防水层的保护层与防水层应粘结牢固，结合紧密、厚度均匀一致。检验方法：观察检查。

（4）卷材搭接宽度的允许偏差为-10mm。检验方法：观察和尺量检查。

3. 质量验收文件与记录

（1）防水卷材出厂合格证、现场取样试验报告。

（2）胶结材料出厂合格证、使用配合比资料、粘贴试验资料。

（3）隐蔽工程验收记录。

（4）质量验收记录，见表3-6。

表3-6　　　　卷材防水层检验批质量验收记录（摘自 GB50208—2002）

单位（子单位）工程名称			
分部（子分部）工程名称		验收部位	
施工单位		项目经理	
分包单位		分包项目经理	
施工执行标准名称及编号			

续表

施工质量验收规范的规定				施工单位检查评定记录							监理（建设）单位验收记录
主控项目	1	卷材及配套材料质量	第4.3.10条								
	2	细部做法	第4.3.11条								
一般项目	1	基层质量	第4.3.12条								
	2	卷材搭接缝	第4.3.13条								
	3	保护层	第4.1.11条								
	4	卷材搭接宽度允许偏差（mm）	−10								
施工单位检查评定结果		专业工长（施工员）				施工班组长					
		项目专业质量检查员：　　　　　　　　　年　月　日									
监理（建设）单位验收结论		专业监理工程师： (建设单位项目专业技术负责人)：　　　　　年　月　日									

六、质量通病及防治措施

（一）空鼓

1. 原因分析

（1）基层潮湿，找平层表面被泥水沾污，立墙卷材甩槎未加保护措施，卷材沾污。

（2）未认真清理沾污表面，立面铺贴、热作业，操作困难，导致铺贴不严实。

2. 防治措施

（1）各种卷材防水层的基层必须保持找平层表面干燥洁净，严防在潮湿基层上铺贴卷材防水层。

（2）无论采用外贴法或内贴法施工，应把地下水位降至垫层以下不少于300mm，应在垫层上抹1:2.5水泥砂浆找平层，防止由于毛细水上升造成基层潮湿。

（3）立墙卷材的铺贴，应精心施工，仔细操作，使卷材铺贴密实、严密、牢固。

（4）铺贴卷材防水层之前，应提前一两天，喷或刷1~2道冷底子油，确保卷材与基层表面附着力强，粘结牢固。

（5）铺贴卷材时，气温不宜低于5℃。施工过程应确保胶结材料的施工温度。

（6）采用水泥砂浆找平层时，水泥砂浆抹平收水后应二次压光，充分养护，不得有疏松、起砂、起皮现象。

（7）基层与墙的连接处，均应做成圆弧。圆弧半径应根据卷材种类按表3-7选用。

表 3-7   转角处圆弧半径

卷材种类	圆弧半径（mm）
沥青防水卷材	100~150
高聚物改性沥青防水卷材	50
合成高分子防水卷材	20

（二）转角处渗漏

1. 原因分析

（1）转角部位，卷材未能按转角轮廓铺贴严实，后浇主体结构时，此处卷材被破坏。

（2）转角处未按规定增补附加增强层卷材。

（3）所选用的卷材韧性较差，转角处操作不便，未确保转角处卷材铺贴严密。

2. 防治措施

（1）转角处应做成圆弧形。

（2）转角处应先铺附加增强层卷材，并粘贴严密，尽量选用延伸率大、韧性好的卷材。

（3）在立面与平面的转角处不应留卷材搭接缝，卷材搭接缝应留在平面上，距立面不应小于600mm。

（三）管道周围渗漏

1. 原因分析

（1）管道表面未认真进行清理、除锈。

（2）穿管处周边呈死角，使卷材不易铺贴。

2. 防治措施

（1）穿墙管道处卷材防水层铺实贴严，严禁粘结不严，出现张口、翘边现象，而导致渗漏。

（2）对其穿墙管道必须认真除锈和尘垢，保持管道洁净，确保卷材防水层与管道粘结附着力。

（3）必要时，可在穿管处埋设带法兰的套管，将卷材防水层粘贴在法兰上，粘贴宽度应在100mm以上，并应用夹板将卷材防水层压紧。法兰及夹板都应清理洁净。涂刷沥青粘结剂夹板下应加油毡衬垫，如图3-25所示。

（四）卷材搭接不良

1. 原因分析

（1）搭接形式以及长、短边的搭接长度不符合规范要求。

（2）接头处卷材粘结不密实，有空鼓、张嘴、翘边等现象。

（3）接头甩槎部位损坏，甚至无法搭接。

2. 防治措施

（1）应根据铺贴面积及卷材规格，事先丈量弹出基准线，然后按线铺贴；搭接形式应符合规范要求，立面铺贴自下而上，上层卷材应盖过下层卷材不少于150mm。平面铺贴时，卷材长短边搭接长度均应不少于100mm，上下两层卷材不得相互垂直铺贴。

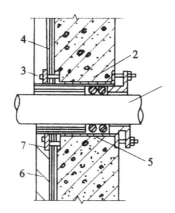

1—管道；2—套管；3—夹板；4—卷材防水层；5—填缝材料；6—保护墙；7—附加卷材层衬垫

图 3-25　套管法处理穿墙管道与卷材的连接示意图

（2）施工时，确保地下水位降低到垫层以下 500mm，并保持到防水层施工完毕。

（3）接头甩槎应妥加保护，避免受到环境或交叉工序的污染和损坏；接头搭接应仔细施工，满涂胶粘剂，并用力压实，最后粘贴封口条，用密封材料封严，封口宽度不应小于 10mm。

（4）临时性保护墙应用石灰砂浆砌筑，以利拆除；临时性保护墙内的卷材不可用胶粘剂粘贴，可用保护隔离层卷材包裹后埋设于临时保护墙内，接头施工时，拆除临时性保护墙，拆去保护隔离层卷材，即可分层按规定搭接施工。

（五）管道部位卷材粘贴不良

1. 原因分析

（1）对管道表面及法兰盘未进行认真清理、除锈，不能确保卷材与管道的粘结。

（2）穿管处周围未抹成圆角，使卷材不易铺贴严密。

2. 防治措施

（1）管道、法兰盘表面的尘垢、铁锈要清理干净。在穿过砖石结构处，管道周围浇细石混凝土，厚度不宜小于 300mm；找平层在管道根部应抹成圆角；卷材要按转角要求铺贴严实。

（2）穿过混凝土的管道，可预埋带法兰盘的套管，卷材铺贴前，先将穿墙管和法兰盘及夹板表面处理干净，涂刷基层处理剂，然后将卷材铺贴在法兰盘上，粘贴宽度至少为 100mm，再用夹板将卷材压紧，夹板下加卷材衬垫，穿墙管与套管之间填塞沥青麻丝，管口用密封材料封固或用铅捻口。

（六）卷材搭接处渗漏

1. 原因分析

（1）卷材甩头（槎）被污损破坏，保护墙的卷材被撕破。

（2）卷材受水浸泡，沾污了卷材甩槎，缺乏保护措施。

2. 防治措施

（1）铺贴卷材应采用搭接法，上下层及相邻两幅卷材的搭接缝应错开。

（2）各种卷材搭接宽度应符合表 3-8 的要求。

表 3-8 **卷材搭接宽度**

搭接方向		短边搭接宽度（mm）		长边搭接宽度（mm）	
铺贴方法 卷材种类		满贴法	空铺法 点粘法 条粘法	满贴法	空铺法 点粘法 条粘法
沥青防水卷材		100	150	70	100
高聚物改性沥青防水卷材		80	100	80	100
合成高分子 防水卷材	粘结法	80	100	80	100
	焊接法	50			

（3）铺贴后的卷材甩槎要保持完整，不被污损破坏，甩槎应层次清楚，工序搭接要严格控制铺实，粘严压平。

（4）排水降低水位的措施要正确，严禁浸泡、沾污卷材槎子。

（5）从混凝土底板下面甩出的卷材可刷油后铺贴在永久性保护墙上，但超出永久保护墙部分的卷材不得刷油铺实，而应用附加保护油毡包裹钉在木砖上，待完成主体结构、拆除临时保护墙时，撕去附加保护油毡，可使内部各层卷材完好无缺。

七、成品保护

（1）卷材运输及保管时，平放不得高于 4 层，不得横放、斜放，应避免雨淋、日晒、受潮。

（2）已铺好的卷材防水层应及时采取保护措施。操作人员不得穿带钉鞋在结构底板上作业。

（3）采用外防外贴法墙角留槎的卷材要妥善保护，防止断裂和损伤，并及时砌好保护墙。采用外防内贴防水层，在地下防水结构工程施工前贴在永久性保护墙上，在防水层铺贴完后，应按设计和规范要求及时做好保护层。

八、安全环保措施

（1）铺贴卷材（包括配套材料）具有一定的毒性和易燃性，因此，在材料保管、运输、施工过程中，要注意防火和预防职业中毒、烫伤事故发生。

（2）施工过程中，做好基坑和地下结构的临边防护，防止发生坠落事故。

（3）高温天气施工，要采取防暑降温措施。

（4）施工垃圾要及时清理，外运至指定清纳地点，严禁随地乱倒施工垃圾。

项目三　地下防水涂料施工

地下工程防水涂料是在需要防水的地下混凝土结构或砂浆基层上涂以一定厚度的合成树脂、合成橡胶液体，经过常温交联固化形成具有防水作用的结膜。防水膜厚度的均匀性难以保证，多数涂料抵抗变形能力差，与潮湿基层的粘结力差，作为单一防水层抵抗地下动水压力的能力差。

一、涂料防水层构造

防水涂料固化成膜后的防水薄膜具有良好的防水性能，特别适用于各种形状复杂、很不规则部位的防水，并能形成无接缝的完整防水膜。防水涂料大多数采用冷涂施工方法，不需要加热熬制，既减少了环境污染，改善了劳动条件，又便于施工操作，加快了施工进度。防水涂料既是防水层的主体，又是粘结剂，因而施工质量容易保证，进行维修也比较简单。但是，防水涂料施工是采用刷涂、刮涂或喷涂等方法，故防水膜的厚度很难做到均匀一致，如图3-26、图3-27所示。

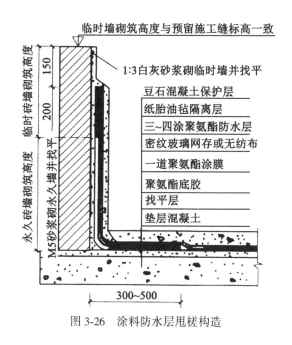

图3-26　涂料防水层甩槎构造

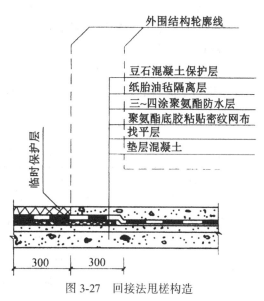

图3-27　回接法甩槎构造

二、涂料防水施工准备

（一）技术准备

（1）进行技术交底，掌握涂料防水设计意图和构造要求。

（2）学习涂料防水施工方案对工程的具体要求、工程的重点和难点做到心中有数。

（二）主要机具

施工所用的主要机具见表3-9。

表 3-9   **聚氨酯防水涂膜施工主要机具**

名称	用途	名称	用途
电动搅拌器	搅拌甲、乙料	铁抹子	修补找平层
搅拌桶	搅拌盛料	小平铲	修理找平层
小油漆桶	装混合料	扫帚	清理找平层
塑料或橡胶板	涂布涂料	墩布	清理找平层
铁皮小刮板	在细部构造部位涂刮涂料	高压吹风机	清理找平层
称量器	称量配料	剪刀	裁剪胎体增强材料
长柄滚刷	涂刷底胶、涂料	铁锹	拌和水泥砂浆
油漆刷	在细部构造部位涂刷底胶、涂料	灭火器	消防用具

（三）施工条件

（1）排降地下水水位较高时，应先降低地下水位，做好排水处理，使地下水降至防水层操作标高以下 300mm，并保持到施工完毕。

（2）对基层的要求。涂刷防水层的基层时，要求抹平、压光、压实平整、不起砂，含水率低于 9%，阴阳角处应抹成圆弧角。

（3）施工气候及环境。涂刷防水涂料不得在霜、雪、雨、露天气和大风（5 级以上）天气条件下施工，施工的环境温度要求为 10~30℃，操作时，严禁靠近火源。

（四）材料要求

1. 防水涂料的主要品种及要求

常用防水涂料的品种见表 3-10。常用防水涂料的档次主要是依据其材性及造价等方面综合考虑划分的。

表 3-10   **地下室工程常用防水涂料的品种**

类别	名称	档次	备注
合成高分子防水涂料	聚氨酯防水涂料 851 焦油聚氨酯防水涂料 硅橡胶防水涂料 PVC 防水涂料	高 高 中 低	薄质材料指涂膜设计总厚度小于 3mm 的涂料，一般指水乳型或溶剂型高聚物改性沥青防水涂料，一般采用涂刷法或喷涂法施工 厚质涂料指涂膜设计总厚度大于 3mm 的涂料，一般指沥青基防水涂料，一般以冷作业为主，采用抹压法、刮涂法进行涂布
高聚物改性沥青防水涂料	SBS 弹性沥青防水涂料 氯丁橡胶沥青防水涂料 水型三元乙丙橡胶复合防水涂料 JG-1 橡胶沥青防水涂料 JG-2 橡胶沥青防水涂料 SR 防水涂料	中 中 中 低 低 低	
沥青基防水涂料	水性石棉沥青防水涂料	低	
无机物水泥类防水涂料	确保时 防水宝防水涂料	中 中	

地下工程防水应采用反应型、水乳型、聚合物水泥防水涂料或水泥基渗透结晶型防水涂料。

2. 涂料厚度层要求

地下工程防水涂料的涂料厚度应符合表 3-11 的要求。

表 3-11　　　　　　　　　　　　涂料厚度选用表　　　　　　　　　　（mm）

涂料类型		防水等级			
		Ⅰ	Ⅱ		Ⅲ
		三道或三道以上设防	二道设防	一道设防	复合设防
有机涂料	反应型防水涂料	1.2~2.0	1.2~2.0	—	—
	水乳型	1.2~1.5	1.2~1.5	—	—
	聚合物水泥	1.5~2.0	1.5~2.0	≥2.0	≥1.5
无机涂料	水泥基	1.5~2.0	1.5~2.0	≥2.0	≥1.5
	水泥基渗透结晶型	≥0.8	≥0.8	—	—

三、地下室工程涂料防水施工

地下工程涂膜防水层施工随意性大，要保证涂膜防水层的质量，关键是保证涂膜厚度。影响涂膜厚度的主要因素有材料及其配套的胎体增强材料、施工工艺、涂布遍数、厚度、施工间隔时间、基层条件、自然条件和保护层的设置等。对此，将在施工要求和施工工艺中予以介绍。为避免重复，薄质涂料的施工以聚氨酯涂膜防水为例，厚质涂料的施工以石棉沥青防水涂料为例。

（一）涂料层防水施工

1. 薄质涂料的施工（以聚氨酯防水层为例）

（1）构造及其用量。

基层：水泥砂浆或混凝土。

基层处理剂：聚氨酯底胶，0.2kg/m²。

第一道涂膜防水层：聚氨酯防水涂料，1~5kg/m²。

第二道涂膜防水层：聚氨酯防水涂料，1kg/m²，固化前稀撒砂粒。

保护层：马赛克、缸砖、瓷砖等。

（2）施工工艺。基层清理→涂刷底胶→涂膜防水层施工做保护层。

（3）施工要点。

①防水基层应按设计要求 1∶3 水泥砂浆抹成 1%~2% 的坡度，表面应抹平压光，不许有凹凸不平、松动和起砂掉灰现象；排水口或地漏部位应低于整个防水层，套管和管道应高出基层表面 20mm 以上；阴阳角处应抹成圆弧形，以利涂料密封。所有管件、设备、排水口或地漏等均应安装牢固，接缝严密，收头圆滑，不得有任何松动现象。

对于不同基层衔接部位、施工缝处以及基层因变形可能开裂或已开裂的部位，应嵌补缝隙，铺贴橡胶条补强或用伸缩性很强的硫化橡胶条进行补强。若再增加涂料涂刷遍数，补强更佳。

②涂刷底胶的目的是隔断基层潮气，防止防水涂层起鼓脱落，加固基层，提高涂层同基层的粘结强度。

聚氨酯底胶的配制可按聚氨酯甲料与专供涂底用的乙料按 1：3~1：4（重量比）的比例配制，也可用聚氨酯防水涂料和二甲苯进行配制，重量比为甲组份料：乙组份料：二甲苯 = 1：1.5：20 配制好的底胶应在 2 小时内用完。

在大面积涂布前，先用油漆刷蘸底胶在阴阳角、排水口、管子根部等复杂部位均匀细致地涂布一遍，再用长把滚刷在大面上均匀地涂布底层胶料。涂布施工必须均匀，不许露白见底。一般涂布用量以 0.15~0.20kg/m² 为宜，底胶涂布后干燥 24 小时，手触不黏时，即可进行下道工序。

③涂膜防水层施工。涂布顺序是先垂直面、后水平面，先阴阳角及细部、后大面，每次涂抹方向应相互垂直。增强涂抹与增补涂抹可在涂刷底层涂料后进行，也可以在涂布一道防水层以后进行，也可采用将增强涂布夹在每相邻两层涂料层之间进行。

第一道涂层的施工应在底胶干燥固化后，用塑料或橡胶刮板均匀涂刷一层涂料，涂刮时要求均匀一致，不得过厚或过薄，涂刮厚度一般约为 1.5mm 为宜（涂布量 5kg/m² 为宜），开始涂刮时，要根据施工面积大小、形状和环境，统一考虑施工线路和涂刮顺序。

第二道涂层的施工应在第一道涂层固化 24 小时后，再在其表面刮涂第二道涂层，刮涂方法同第一道涂层，为确保防水工程质量，涂刮的方向与第一道的涂刮方向垂直。涂布第二道涂膜与第一道相间隔的时间应以第一道涂膜的固化程度（手触不黏）确定，一般不少于 24 小时，也不宜大于 72 小时。

保护层施工：若为石渣保护层，应在第二道涂层尚未固化前，在其表面稀撒粒径为 2mm 的干净石渣；若为铺贴保护层或饰面材料，则应在涂料层完全固化干燥后，进行面层铺贴，施工方法与传统铺贴马赛克、缸砖或饰面砖相同。

④施工注意事项：涂料黏度大、不易施工时，可加入二甲苯稀释，以降低黏度，加入量不得大于涂料重量的 10%；当因两组分混合固化快、影响施工时，可加入磷酸或苯磺酰氯作为缓凝剂，加入量不得大于甲料的 0.05%。若刮涂第一道涂层 24 小时后仍有发黏现象，则在第二道涂层施工前，涂上一些滑石粉，对防水层工程质量无影响。

如涂料在金属工具上固化、清洗困难时，可到指定安全区点火焚烧，将其清除。涂层施工完毕，尚未达到完全固化时，不允许上人踩踏；否则，将损坏防水层，影响防水质量。

施工温度宜为 10~30℃，温度低，使涂料黏度大，不易施工，并容易涂厚，影响防水工程质量；温度过高，则会加速固化，也不宜施工。另外，不宜在雾、雨、雪、大风等恶劣气候下施工。

易燃、有毒的防水涂料在储存时应密封，放在阴凉、干燥、无强烈日光直晒的场地。施工中使用有机溶剂时，应注意防火，施工人员应采取保护措施，戴手套、口罩、眼镜、穿工作服、工作鞋，施工现场要求通风良好，以防中毒。

2. 厚质涂料的施工（石棉沥青防水涂料为例）

厚质涂料防水层的施工质量关键在三点：

（1）搅拌均匀。使用前搅拌均匀，方可便于涂布和保证涂层质量。

（2）涂布时间间隔的测定。涂料因品种和涂层厚度不同，其成膜干燥时间均不同，必须在施工前进行成膜干燥时间的测定，方可便于安排和组织施工。

（3）总厚度及每层厚度的控制。涂料的厚度控制是在刮板上固定铁丝或木条作为控制涂层厚度的标准，或在涂布面上设立厚度标志。

（二）涂料防水层甩槎构造级成品保护

1. 防水层甩槎结构

地下室工程涂料防水层适用于外防外涂法，因而必须在底板垫层与外墙地面级转角处等有较大变形处考虑槎构造（以聚氨酯防水层为例），以免结构的不同步沉降和较大变形破坏涂膜防水层，如图 3-26 和图 3-27 所示。

2. 防水层成品保护

穿过墙体的管道、预埋件、变形缝处，涂膜施工时不得破损、变位。已涂好的涂料层固化前，不允许上人和堆放物品，以免涂膜防水层损坏，造成渗漏。

（三）验收标准和项目

1. 质量验收标准

（1）质量验收标准适用于受侵蚀性介质或受振动作用的地下工程主体迎水面或背水面涂刷的涂料防水层。

（2）涂料防水层应采用反应型、水乳型、聚合物水泥防水涂料或水泥基、水泥基渗透结晶型防水涂料。

（3）涂料防水层的施工应符合下列规定：

①涂料涂刷前，应先在基面上涂一层与涂料相容的基层处理剂。

②涂膜应多遍完成，涂刷应待前遍涂层干燥成膜后进行。

③每遍涂刷时，应交替改变涂层的涂刷方向，同层涂膜的先后搭接宽度宜为 30~50mm。

④防水涂料厚度应符合表 3-12 的规定。

表 3-12　　　　　　　　　　　　　**防水涂料厚度**　　　　　　　　　　　　　（mm）

防水等级	防设道数	有机涂料			无机涂料	
		反应型	水乳型	聚合物水泥	水泥基	水泥基渗透结晶型
1 级	三道或三道以上防设	1.2~2.0	1.2~1.5	1.5~2.0	1.5~2.0	≥0.8
2 级	二道设防	1.2~2.0	1.2~1.5	1.5—2.0	1.5~2.0	≥0.8
3 级	一道设防	—	—	≥2.0	≥2.0	—
	复合设防	—	—	≥1.5	≥1.5	—

⑤涂料防水层的施工缝（甩槎）应注意保护，搭接缝宽度应大于 100mm，接涂前应将其甩槎表面处理干净。

⑥涂刷程序应先做转角处穿墙管道、变形缝等部位的涂料加强层，后进行大面积

涂刷。

⑦涂料防水层中铺贴的胎体增强材料同层相邻的搭接宽度应大于100mm，上、下层接缝应错开1/3幅宽。

⑧涂料防水层的施工质量检验数量应按涂层面积每100m² 抽查1处，每处10mm，且不得少于3处。

⑨防水涂料的保护层应符合下列规定：顶板的细石混凝土保护层与防水层之间宜设置隔离层，底板的细石混凝土保护层厚度应大于50mm；侧墙宜采用聚苯乙烯泡沫塑料保护层，或砌砖保护墙（边砌边填实）和铺抹30mm厚水泥砂浆。

2. 质量验收项目

（1）主控项目：

①涂料防水层所用材料及配合比必须符合设计要求。检验方法：检查出厂合格证、质量检验报告、计量措施和现场抽样试验报告。

②涂料防水层及其转角处、变形缝、穿墙管道等细部做法均必须符合设计要求。检验方法：观察检查和检查隐蔽工程验收记录。

（2）一般项目：

①涂料防水层的基层应牢固，基面应洁净、平整，不得有空鼓、松动、起砂和脱皮现象；基层阴阳角处应做成圆弧形。检验方法：观察检查和检查隐蔽工程验收记录。

②涂料防水层应与基层粘结牢固，表面平整、涂刷均匀，不得有流淌、皱折、鼓泡、露胎体和翘边等缺陷。检验方法：观察检查。

③涂料防水层的平均厚度应符合设计要求，最小厚度不得小于设计厚度的80%。检验方法：针测法或割取20mm×20mm实样用卡尺测量。

④侧墙涂料防水层的保护层与防水层粘结牢固，结合紧密，厚度均匀一致。检验方法：观察检查。

（3）验收文件和记录：

①防水涂料及密封、胎体材料的合格证，产品的质量检验报告，现场抽样试验报告。

②专业防水施工资质证明及防水工的上岗证明。

③隐蔽工程验收记录，基层墙面处理验收记录，附加层胎体增强材料铺贴验收记录。

④施工记录、技术交底及"三检"记录。

⑤本分项工程检验批的质量验收记录。

⑥施工方案。

⑦设计图纸及设计变更资料。

⑧质量验收记录见表3-13。

表 3-13　　　　　涂料防水层检验批质量验收记录（摘自 GB50208—2002）

单位（子单位）工程名称				
分部（子分部）工程名称			验收部位	
施工单位			项目经理	
施工执行标准名称及编号				
施工质量验收规范的规定			施工单位检查评定记录	监理（建设）单位验收记录
主控项目	1	涂料质量及配合比	第4.4.7条	
	2	细部做法	第4.4.8条	
一般项目	1	基层质量	第4.4.9条	
	2	表面质量	第4.4.10条	
	3	涂料层厚度（设计厚度）	80%	
	4	保护层与防水层粘结	第4.4.12条	
施工单位检查评定结果	专业工长（施工员）		施工班组长	
	项目专业质量检查员：　　　　　年　月　日			
监理（建设）单位验收结论	专业监理工程师： （建设单位项目专业技术负责人）；　　　年　月　日			

（四）安全环保措施

（1）涂料应达到环保要求，配料和施工现场应有安全、防火措施。

（2）施工过程中，做好基坑和地下结构的临边防护，防止发生坠落事故。

（3）高温天气施工，要采取防暑降温措施。

（4）施工垃圾要及时清理，清扫和砂浆搅拌时要尽量避免灰尘飞扬。

项目四　水泥砂浆防水层施工

一、水泥砂浆防水层构造

水泥砂浆防水层可分为刚性多层做法防水层（或称普通水泥砂浆防水层）和掺外加剂的水泥砂浆防水层（常用外加剂有氯化铁防水剂、膨胀剂和减水剂等）两种，其构造做法如图 3-28 所示。

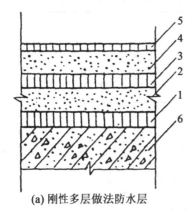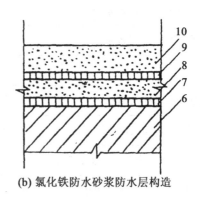

(a) 刚性多层做法防水层   (b) 氯化铁防水砂浆防水层构造

1、3—素灰层；2、4—水泥砂浆层；5、7、9—水泥浆；

6—结构基层；8—防水砂浆垫层；10—防水砂浆面层

图 3-28　水泥砂浆防水层构造做法

二、施工准备

（一）主要机具

（1）清理基层用工具：铁锤、錾子、剁斧、钢丝刷、胶皮管、水桶、扫帚等。

（2）抹灰浆工具：灰浆搅拌机或拌盘、铁锹、筛子、灰桶、水桶等。

（3）抹灰工具：毛刷、胶皮手套、手指套及一般抹灰工具。

（二）施工环境

（1）气温应在 5℃ 以上、40℃ 以下，风力应在 4 级以下，否则，就需要采取相应保温或降温、挡风措施，夏天露天施工必须做好防晒、防雨工作。

（2）工程在地下水位以下施工时，施工前必须将水位降到抹面层以下，并将地面积水排除。

（3）若属旧有工程维修，应将渗漏水堵住，或者堵漏、抹灰交叉施工，以保证防水层施工顺利进行。

（三）作业条件

基层结构验收合格，已办好验收手续，基层混凝土和砌筑砂浆强度应达到设计值的 80%，才能开始防水砂浆施工。

（四）材料要求

胶凝材料可以使用普通硅酸盐水泥、矿渣硅酸盐水泥、火山灰质硅酸盐水泥；水泥强度等级应不低于 32.5 级；骨料应选用颗粒坚硬、粗糙洁净的粗砂，平均粒径不小于 0.5mm，最大粒径不大于 3mm。

三、施工工艺

（一）基层的处理

基层处理十分重要，是保证防水层与基层表面结合牢固、不空鼓和不透水的关键。基层处理包括清理、浇水、刷洗、补平等工序，使基层表面保持潮湿、清洁、平整、坚实、粗糙。

1. 混凝土基层的处理

对于新建混凝土工程，拆除模板后，用钢丝刷将混凝土表面刷毛，并在抹面前浇水冲刷干净；对于旧混凝土工程补做防水层，需用钻子、剁斧、钢丝刷将表面凿毛，清理平整后再冲水，用棕刷刷洗干净；对于混凝土基层表面凹凸不平、蜂窝孔洞，应根据不同情况分别进行处理；超过 1cm 的棱角及凹凸不平处，应剔成慢坡形，并浇水清洗干净，用素灰和水泥砂浆分层找平；混凝土结构的施工缝要沿缝剔成"八"字形凹槽；用水冲洗后，用素灰打底，用水泥砂浆压实抹平。

2. 砖砌体基层的处理

对于新砌体，应将其表面残留的砂浆等污物清除干净，并浇水冲洗。对于旧砌体，要将其表面疏松表皮及砂浆等污物清理干净，直至露出坚硬的砖面，并浇水冲洗。

基层处理后，必须浇水湿润，这是保证防水层和基层结合牢固、不空鼓的重要条件。浇水要按次序浇透。砖砌体要浇到砌体表面基本饱和，抹上灰浆后没有吸水现象为合格。

（二）砂浆防水层施工

1. 刚性多层防水层施工

（1）混凝土墙面防水层。

第一层（素灰层，厚 2mm，水灰比 0.37~0.4）施工时，先将混凝土基层浇水湿润后，抹一层 1mm 厚素灰，用铁抹子往返抹压 5~6 遍，使素灰填实混凝土基层表面的空隙，以增加防水层与基层的粘结力；随即再抹 1mm 厚的素灰均匀找平，并用毛刷横向轻轻刷一遍，以便打乱毛细通路，并有利于和第二层结合。在其初凝期间做第二层。

第二层（水泥砂浆层，厚 4~5mm，灰砂比 1∶25，水灰比 0.6~0.65）施工时，在初凝的第一层上轻轻抹压水泥砂浆，使砂粒能压入素灰层（但注意不能压穿素灰层），以便两层间结合牢固，在水泥砂浆层初凝前，用扫帚将砂浆层表面扫成横向条纹，待其终凝并具有一定强度后（一般隔一夜）做第三层。

第三层（素灰层，厚 2mm）的作用和施工操作方法与第一层相同。如果水泥砂浆层在硬化过程中析出游离的氢氧化钙形成白色薄膜，则需刷洗干净，以免影响粘结。

第四层（水泥砂浆层，厚 4~5mm）的作用与第二层作用相同，按照第二层做法抹水泥砂浆。在水泥砂浆硬化过程中，用铁抹子分次抹压 5~6 遍，以增加密实性，最后再压光。

第五层（水泥浆层，厚 1mm）施工时，当防水层在迎水面时，需在第四层水泥砂浆抹压两遍后，用毛刷均匀涂刷水泥浆一道，随后与第四层一并压光。

（2）砌体墙面的防水层。

素灰层，厚 2mm。先抹一道 1mm 厚素灰，用铁抹子往返刮抹，使素灰填实基层表面的孔隙；随即在已刮抹过素灰的基层表面上再抹一道厚 1mm 的找平层，抹完后，用湿毛刷在素灰层表面按顺序涂刷一遍。

第一层水泥砂浆层，厚 6~8mm。在素灰层初凝时抹水泥砂浆层，要防止素灰层过软或过硬，过软，会将素灰层破坏；过硬，则粘结不良，要使水泥砂浆薄薄压入素灰层厚度的 1/4 左右。抹完后，在水泥砂浆初凝时用扫帚按顺序向一个方向扫出横向条纹。

第二层水泥砂浆层，厚 6~8mm。按照第一层的操作方法，将水泥砂浆抹在第一层上，抹后在水泥砂浆凝固前、水分蒸发过程中，分次用铁抹子压实，一般抹压 2~3 次为宜，最后再压光。

2. 特殊部位的施工

（1）结构阴阳角处的防水层均需抹成圆角，阴角直径为 5cm，阳角直径为 1cm。

（2）防水层的施工缝需留斜坡价梯形槎，槎子的搭接要依照层次操作顺序层层搭接。留槎的位置一般留在地面上，也可留在墙面上。所留的槎子均需离阴阳角 20cm 以上。防水层的施工缝必须留阶梯形槎，其接槎层次要分明，不允许水泥砂浆和水泥砂浆搭接，而应先在阶梯坡形接槎处均匀涂刷水泥一层，以保证接槎处不透水，然后依照层次操作顺序层层搭接。抹完后，要做好养护工作，养护时间一般不少于 14 天。

四、质量控制与检验

（一）明确材料、设计及施工有关规定

水泥砂浆防水层适用于混凝土或砌体结构的基层上采用多层抹面的水泥砂浆防水，不适用于环境有侵蚀性、持续振动或温度高于 80℃ 的地下工程。

普通水泥砂浆防水层的配合比应按表 3-14 选用。掺外加剂、掺和料、聚合物水泥砂浆的配合比应符合所掺材料的规定。

表 3-14　　　　　　　　　　　普通水泥砂浆防水层的配合比

名　　称	配合比（质量比）		水灰比	适用范围
	水泥	砂		
水泥浆	1	—	0.55~0.60	水泥砂浆防水层的第一层
水泥浆	1	—	0.37~0.40	水泥砂浆防水层的第三、五层
水泥砂浆	1	1.5~2.0	0.40~0.50	水泥砂浆防水层的第二、四层

（1）所用的材料应符合下列规定：水泥品种应按设计要求选用，其强度等级不应低于 32.5 级，不得使用过期或受潮结块水泥；砂宜采用中砂，粒径 3mm 以下，含泥量不得大于 1%，硫化物和硫酸盐含量不得大于 1%；水应采用不含有害物质的洁净水；聚合物乳液的外观质量，无颗粒、异物和凝固物；外加剂的技术性能应符合国家或行业标准一等品及以上的质量要求。

（2）基层质量应符合下列要求：水泥砂浆铺抹前，基层的混凝土和砌筑砂浆强度应不低于设计值的 80%；基层表面应坚实、平整、粗糙、洁净，并充分湿润，无积水；基层表面的孔洞、缝隙应用与防水层相同的砂浆填塞抹平。

（3）施工应符合下列要求：分层铺抹或喷涂，铺抹时，应压实、抹平和表面压光；防水层各层应紧密贴合，每层宜连续施工，必须留施工缝时，应采用阶梯坡形槎，但离开阴阳角处不得小于 200mm；防水层的阴阳角处应做成圆弧形；水泥砂浆终凝后应及时进行养护，养护温度不宜低于 5℃，并应保持湿润，养护时间不得少于 14 天。

（二）施工中质量检验、质控与验收

1. 质量检验

（1）检查数量。水泥砂浆防水层的施工质量检验数量应按施工面积每 100m² 抽查 1 处，每处 10m²，且不得少于 3 处，但不得低于国家验收标准。水泥砂浆防水层工程施工质量的检验数量，应按抽查面积与防水层总面积的 1/10 考虑，这一比例要求对检验防水层质量有一定代表性，实践也证明是可行的。

（2）施工中重点检查项目。

①基层要清理干净，表面平整、坚实、粗糙，施工前应充分浇水湿润。

②检查材料名称及各层灰浆配合比是否符合设计要求，防水层层次是否清楚，厚度是否均匀一致。

③施工缝处理位置和做法应严格按要求处理，甩槎清楚、搭接严密，阴阳角做成圆角。

④预埋管道、预埋件周围要采取相应防水措施，保证防水层的严密。

⑤防水层要浇水养护，一般养护期 14 天，对有阳光直晒部位要覆盖湿草席或草袋，冬季要采取防冻保温措施。

2. 质量控制与验收

（1）主控项目。

①水泥砂浆防水层的原材料及配合比必须符合设计要求。检验方法：检查出厂合格证、质量检验报告、计量措施和现场抽样试验报告。

②水泥砂浆防水层各层之间必须结合牢固，无空鼓现象。检验方法：观察和用小锤轻击检查。

（2）一般项目。

①水泥砂浆防水层表面应密实、平整，不得有裂纹、起砂、麻面等缺陷；阴阳角处应做成圆弧形。检验方法：观察检查。

②水泥砂浆防水层施工缝留槎位置应正确，接槎应按层次顺序操作，层层搭接紧密。检验方法：观察检查和检查隐蔽工程验收记录。

③水泥砂浆防水层的平均厚度应符合设计要求，最小厚度不得小于设计值的 85%。检验方法：观察和尺量检查。

（3）质量验收文件与记录。

①水泥砂浆防水层配合比报告；

②原材料及外加剂出厂合格证；

③水泥砂浆防水层施工记录；

④隐蔽工程记录；

⑤质量验收记录，见表 3-15。

表 3-15　　　　　**水泥砂浆防水层检验批质量验收记录（摘自 GB50208—2002）**

单位（子单位）工程名称				
分部（子分部）工程名称			验收部位	
施工单位			项目经理	
施工执行标准名称及编号				
施工质量验收规范的规定			施工单位检查评定记录	监理（建设）单位验收记录
主控项目	1	原材料及配合比	第4.2.7条	
	2	结合牢固	第4.2.8条	
一般项目	1	表面质量	第4.2.9条	
	2	留槎、接槎	第4.2.10条	
	3	防水层厚度（设计值）	≥85%	
施工单位检查评定结果	专业工长（施工员）		施工班组长	
	项目专业质量检查员：　　　　　年　月　日			
监理（建设）单位验收结论	专业监理工程师： (建设单位项目专业技术负责人)：　　　年　月　日			

五、成品保护

（1）抹灰架子要离开墙面 15cm，以免施工时污染墙面。拆架子时不得碰坏棱角及墙面。

（2）落地灰要及时清理使用，做到工完场清。

（3）不能过早地面上人，以免踩坏砂浆防水层。

六、安全环保措施

同防水混凝土施工时要求采取的安全环保措施。

☞**思考题**

1. 试述沥青卷材屋面防水层的施工过程。

2. 试述高聚物改性沥青卷材的冷粘法和热熔法的施工过程。

3. 简述合成高分子卷材防水施工的工艺过程。

4. 卷材屋面保护层有哪几种做法？

5. 刚性防水屋面的隔离层如何施工？分格缝如何处理？

6. 补偿收缩混凝土防水层怎样施工？

7. 地下防水工程有哪几种防水方案？

8. 地下构筑物的变形缝有哪几种形式？各有哪些特点？

9. 地下防水层的卷材铺贴方案各具什么特点？

10. 防水混凝土是如何分类的？各有哪些特点？

11. 在防水混凝土施工中应注意哪些问题？

12. 防水混凝土有哪几种堵漏技术？如何施工？

13. 地下防水工程中规范强制性条文有哪些？

14. 适用于地下工程的防水卷材品种有哪些？

15. 简述外防外贴法和内贴法的施工方法。

16. 水泥砂浆防水层施工时防水层的操作要点是什么？

☞实训任务

热熔法铺贴立面防水层

1. 材料及现场

SBS 改性沥青或 APP 改性沥青防水卷材、基层处理剂、一面墙。

2. 工具

喷灯或可燃性气体焰具，铁抹子，油漆刷，滚动刷，长把滚动刷，钢盒尺，剪刀，扫帚，小线等。

3. 操作内容

（1）操作项目：热熔法铺贴立面防水层。考核可与实际生产相结合，在适合的施工部位进行，防水构造做法以设计为准。

（2）数量：每人 $1m^2$，持焰具热熔卷材和滚铺卷材时有两人互换。

4. 操作内容及要求

（1）清理基层：要求将操作面上的尘土、杂物清扫干净；

（2）涂刷基层处理剂：操作前及过程中要搅拌均匀，涂刷要均匀一致，操作要迅速，一次涂好，无漏底；

（3）裁剪卷材：尺寸与铺贴的构造相适宜；

（4）点燃喷灯：点燃焰具的操作程序安全、合理，火焰调节适宜；

（5）铺贴卷材：持焰具位置满足要求，往返加热均匀，确认卷材表面熔化符合要求，滚铺卷材粘贴密实；

（6）封边操作：使用压辊将卷材压平，将挤出的沿边油刮平，并用密封材料封严。

5. 考核内容及评分标准

热熔法铺贴立面防水层的操作评定见表3-16。

表 3-16   **热熔法铺贴立面防水层的操作评定表**

序号	测定项目	分项内容	满分	评定标准	检测点 1	2	3	4	5	得分
1	基层清理	过程和操作质量	10	表面无尘土、砂粒或潮湿处。一处不合格扣 2 分						
2	刷基层处理剂	过程和操作质量	10	及时搅拌，涂层均匀无漏底。一点不合格扣 2 分						
3	裁剪卷材	过程和合理使用情况	10	尺寸与铺贴的构造相适宜。一处不合格扣 2 分						
4	点燃喷灯	过程和操作质量	14	安全、合理，火焰调节适宜。一步不符合要求扣 2~4 分						
5	铺贴卷材	过程和操作质量	20	持焰具位置、往返加热达标，确认卷材表面熔化、滚铺卷材粘贴密实。一处不符合要求扣 2~4 分						
6	封边操作	过程和操作质量	16	卷材压平、沿边油刮平、密封材料封严。一处不合格扣 2~4 分						
7	综合操作能力表现及渗漏结果	符合操作规范	10	失误无分						
8	安全文明施工	安全生产，场地清洁	4	出现重大事故，本次实习不合格；出现一般事故扣 4 分，出现事故苗头扣 2 分；未做场地清洁无分						
9	工效	定额时间	6	开始时间： 结束时间： 用时： 酌情扣分：						
总得分										

学习情境四 厨房、卫生间防水工程施工

☞ **教学目标**

1. 了解厨房卫生间防水特点
2. 掌握厨房卫生间防水施工方法
3. 掌握厨房卫生间防水工程质量通病的防治方法
4. 掌握厨房卫生间防水工程的质量验收方法
5. 知道卫生间常用防水工程材料的性能
6. 了解厨房卫生间防水工程施工的常用材料、机具
7. 掌握卫生间防水工程施工的部位、方法、步骤
8. 掌握防水工程施工的质量验收标准
9. 知道防水工程施工的安全生产技术要求

☞ **案例引导**

某安居工程，砖砌体结构，6 层，共计 18 栋。该工程卫生间楼板现浇钢筋混凝土，楼板嵌固在墙体内；防水层做完后，直接做了水泥砂浆保护层后进行了 24 小时蓄水试验。交付使用不久，用户普遍反映卫生间漏水。现象：卫生间地面与立墙交接部位积水，防水层渗漏，积水沿管道壁向下渗漏。

☞ **原因分析**

（1）楼板嵌固在墙体内，四边支撑处负弯矩较大，支座钢筋的摆放位置不当，造成支座处板面产生裂缝。

（2）洞口与穿板主管外壁没用豆石混凝土灌实。

（3）管道周围虽然做附加层防水，但粘贴高度不够，接口处密封不严密。

（4）找平层在墙角处没有抹成圆弧，浇水养护不好。

（5）防水层做完后应做 24 小时蓄水试验，面层做完后，做两次 24 小时蓄水试验，蓄水深度为 30~50mm。

☞ **任务描述**

1. 工作任务

某卫生间的防水施工，做法要求：卫生间地面做聚氨酯涂膜（非煤焦油）防水层（三遍），其总厚度不小于 1.5mm。遇墙上翻 300mm，遇门贴出门外 300mm。墙面均已做

刚性防水层，墙厚 200mm。做法为 12mm 厚 1：2.5 有机硅防水水泥砂浆层（水泥：砂子：硅=1：2.5：0.5）。如图 4-1 所示。

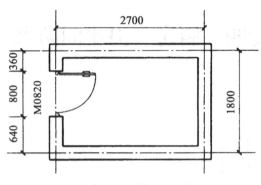

图 4-1　卫生间平面图

2. 作业条件

（1）规范图集资料：《屋面工程质量验收规范》（GB50207—2002）、《屋面工程技术规范》（GB50207—2002）、《建筑施工手册》（第四版）、《建筑工程施工质量验收统一标准》（GB50300—2001）、《建筑防水施工手册》（俞宾辉编）、《防水工升级考核试题集》（雍传德编）、《进城务工实用知识与技能丛书：防水工》（重庆大学出版社）。

（2）机具：电动搅拌器、搅拌桶、弹簧秤、油刷、滚刷、塑料刮板、橡胶刮板、小抹子、油工铲刀、剪刀、压碾辊、消防器材等。

☞ **知识链接**

厕浴间管道多、卫生洁器形状复杂、工作面小、基层结构复杂，致使卷材施工困难，防水质量难以保证，一般采用涂膜防水材料较为适宜。

项目一　聚氨酯防水涂料地面防水施工

一、厕浴间防水构造

（一）楼地面结构层与找坡层

厕浴间地面构造一般做法如图 4-2 所示。地面结构层宜选用整体现浇钢筋混凝土，如选用空心楼板时，其板缝间可用防砂浆堵严、抹平，在缝上放置宽度为 250mm 的胎体增强材料层，并涂刷两道防水涂料。

厕浴间的地面应坡向地漏，坡度为 1%～3%，地漏口标高低于地面标高不小于 20mm，以地漏为中心的 250mm 半径范围内，排水坡度应为 3%～5%。厕浴间设有浴缸（盆）时，浴缸下地面坡度向地漏的排水坡度也为 3%～5%。厕浴、厨房间的地面标高应低于门外地面标高不小于 20mm。

（二）找平层与阴阳角

找平层可用水泥砂浆找平，配合比为 1：（2.5～3），水泥砂浆内宜掺外加剂，厚度

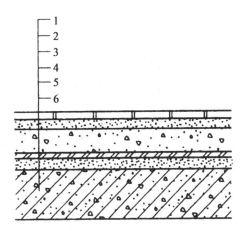

1—陶瓷锦砖；2—水泥砂浆找平层；3—找坡层
4—涂膜防水层；5—水泥砂浆找平层；6—结构层

图 4-2　厕浴间地面构造

为 20mm，抹平压光。

　　地面与墙面阴阳角应先做一层胎体增强材料的附加防水层，其宽度不应小于 300mm。

　　一般厕浴间浴缸、洗水池及大便器剖面图，如图 4-3 所示。

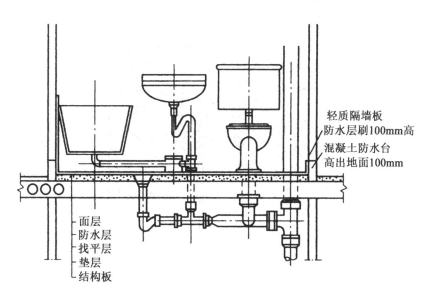

图 4-3　厕浴间剖面

（三）细部节点构造

1. 管道根部

　　管道根部需用水泥砂浆或细石混凝土填实，并用密封材料嵌严，管道根部套管应高出地面 20mm，管道根部防水构造如图 4-4 所示。

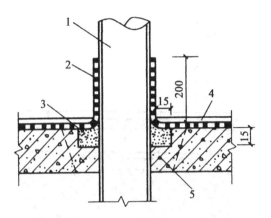

1—穿楼管道；2—涂膜防水；3—15mm×15mm 凹槽内嵌密封材料

4—地面面层；5—细石混凝土灌缝

图 4-4　立管防水构造

2. 地漏

在做涂膜防水层之前，厕浴间找平层应按规定向地漏找扇形坡，并在地漏上口四周用 10mm×15mm 建筑密封膏封严。地漏箅子安装于面层，四周向地漏找坡 2%，为便于排水，可在地漏四周 50mm 范围内找坡 5%。地漏防水构造如图 4-5 所示。

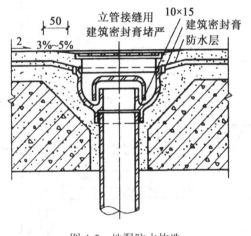

图 4-5　地漏防水构造

由于混凝土固化时有微量收缩，铸铁地漏口大底小，外表面与混凝土接触处易产生裂缝。为防止地漏四周裂缝渗水，最好在原地漏的基础上加铸铁防水托盘，如图 4-6 所示。

3. 坐便器

坐便器尾部进水处与管接口应用油麻丝及水泥砂浆封，做涂膜防水保护层，如图 4-7 所示。坐便器蹲坑根部防水做法，如图 4-8 所示。

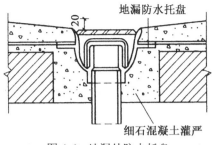

图 4-6 地漏处防水托盘

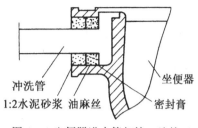

图 4-7 坐便器进水管与接口连接

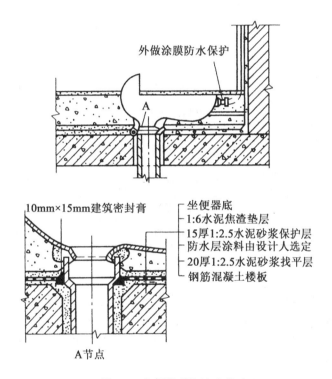

图 4-8 坐便器蹲坑防水做法

二、施工准备

（一）材料准备

（1）聚氨酯防水涂料：

甲组分：异氰酸基含量以（3.5±0.2）%为宜。

乙组分：采用羟基固化时，羟基含量以（0.7±0.1）%为宜。

（2）二甲苯（稀释和清洗机具）、二月桂酸二丁基锡（促凝剂）、苯磺酰氯（缓凝剂）等。

（3）有产品合格证书、性能检测报告和进场验收记录。

（二）机具准备

涂膜防水施工前，应根据所采用涂料的种类、涂布方法，准备需要使用的计量器具、搅拌机具、涂布工具及运输工具等。

涂膜施工常用的施工机具见表 4-1。实际操作时，所需机具、工具的数量和品种可根据工程情况进行调整。此外，为了清洗所用工具，还必须准备必要的清洗用具和溶剂。

表 4-1 涂膜防水施工机具及用途

名称	用途	备注
棕扫帚	清理基层	不掉毛
钢丝刷	清理基层、管道等	—
磅秤、台秤等	配料、计量	—
电动搅拌器	涂料搅拌	功率大，转速较低
铁通或塑料桶	盛装混合料	圆桶便于搅拌
开罐刀	开启涂料罐	—
棕毛刷、圆辊刷	涂刷基层处理剂	—
塑料刮板、胶皮刮板	涂布涂料	—
喷涂机	喷刷基层处理剂、涂料	根据涂料黏度选用
裁剪刀	裁剪增强材料	—
卷尺	量测检查	长 2~5m

（三）做样板

涂料施工前，应根据设计要求和操作工艺先试做样板间，用以确定涂膜实际厚度和实际涂刷遍数，经质检技术部门鉴定合格后，再进行大面积施工。

在施工过程中，涂料的黏度必须有专人负责，不得任意加入稀释剂或水。

（四）作业条件

（1）建筑主体验收合格，卫生间楼地面垫层已完成，穿过厨厕间地面及楼面的所有立管、套管已完成，并已固定牢固，经过验收。管周围缝隙用 1：2：4 豆石混凝土填塞密实（楼板底需吊模板）。

（2）卫生间楼地面找平层已完成，标高符合要求，表面应抹平、压光、坚实、平整，无空鼓、裂缝、起砂等缺陷，含水率不大于 9%。

（3）找平层的泛水坡度应在 2%（即 1：50），不得局部积水。与墙交接处及转角处、管根部，均要抹成半径为 100mm 的均匀一致、平整、光滑的小圆角，要用专用抹子。凡是靠墙的管根处，均要抹出 5%（1：20）坡度，避免此处积水。

（4）涂刷防水层的基层表面时，应将尘土、杂物清扫干净，表面残留灰浆硬块及高出部分应刮平、扫净。对管根周围不易清扫的部位，应用毛刷将灰尘等清除；如有坑洼不平处或阴阳角未抹成圆弧处，可用胶：水泥：砂=1：1.5：2.5 的砂浆修补。

（5）基层做防水涂料前，在突出地面和墙面的管根、地漏以及排水口、阴阳角等易发生渗漏的部位，应做附加层增补。

（6）卫生间墙面按设计要求及施工规定（四周至少上卷300mm）有防水的部位，墙面基层抹灰要压光，要求平整，无空鼓、裂缝、起砂等缺陷。穿过防水层的管道及固定卡具应提前安装，并在距管50mm范围内凹进表层5mm，管根做成半径为10mm的圆弧。

（7）根据墙上的50cm标高线，弹出墙面防水高度线，标出立管与标准地面的交界线，涂料涂刷时要与此线平。

（8）卫生间做防水前，必须设置足够的照明设备（安全低压灯等）和通风设备。

（9）防水材料一般为易燃、有毒物品，储存、保管和使用时要远离火源。施工现场要备有足够的灭火器材，施工人员要着工作服，穿软底鞋，并设专业工长监管。

（10）环境温度保持在5℃以上。

（11）操作人员应经过专业培训，持证上岗，先做样板间，经检查验收合格，方可全面施工。

三、操作工艺

清理基层→涂刷基层处理剂→涂刷附加层防水涂料→刮第一遍涂料→刮第二遍涂料→刮第三遍涂料稀→撒砂粒质→质量验收→第一次蓄水试验→保护层施工→第二次蓄水试验。

（一）基层清理

涂膜防水层施工前，先将基层表面上的灰皮用铲刀除掉，用扫帚将尘土、砂粒等杂物清扫干净，尤其是对管根、地漏和排水口等部位，要仔细清理。如有油污时，应用钢丝刷和砂纸刷掉。基层表面必须平整，凹陷处要用水泥腻子补平。将基层清扫干净。基层应做到找坡正确，排水顺畅，表面平整、坚实，无起灰、起砂、起壳及开裂等现象。涂刷基层处理剂前，基层表面应达到干燥状态。

（二）刷基层处理剂

打开包装桶后，先将聚氨酯甲、乙组分和二甲苯按1∶1.5∶2的比例（重量比）搅拌均匀，严禁用水或其他材料稀释产品。用油漆刷蘸搅拌好的涂料在管根、地漏、阴阳角等容易漏水的薄弱部位均匀涂刷，不得漏涂（地面与墙角交接处，涂膜防水上卷墙上300mm高）；用滚刷均匀涂刷基层表面，不要堆积和露白。刷涂量以0.3kg/m²左右为宜，常温5小时后，再进行下一工序施工。

（三）细部附加层施工

在地漏、管道根、阴阳角和出入口等容易漏水的薄弱部位，应先用聚氨酯防水涂料按甲∶乙＝1∶1.5的比例配合，均匀涂刮一次，做附加增强层处理。按设计要求，细部构造也可做带胎体增强材料的附加增强层处理。胎体增强材料宽度为300~500mm，搭接缝100mm，施工时，边铺贴平整，边涂刮聚氨酯防水涂料。

（1）管根与墙角构造如图4-9所示。

（2）地漏处细部做法如图4-10所示。

（3）套管做法如图4-11所示。

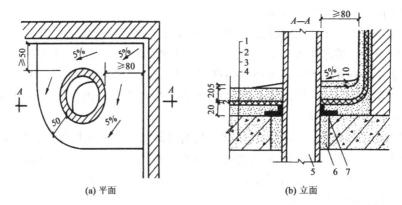

1—防水保护层；2—涂膜防水层；3—找平层防水附加层；4—楼板；
5、6—补偿收缩嵌缝砂浆；7—L 型橡胶膨胀止水条

图 4-9　墙角穿楼板管道构造示意图

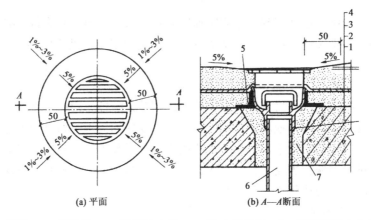

1—楼板；2—找平层；3—涂膜防水层；4—防水保护层；5—橡胶膨胀止水条；
6-管道；7—补偿收缩混凝土；8—密封材料

图 4-10　地漏处细部做法示意图

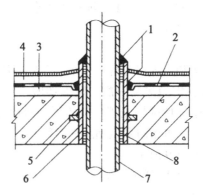

1—密封材料；2—涂膜防水层；3—找平层；4—面层；5—止水环；
6—预埋套管；7—管道；8—聚苯乙烯泡沫

图 4-11　穿过防水层套管做法示意图

（四）防水层施工

（1）聚氨酯涂膜防水涂料随用随配。将聚氨酯甲、乙组分按 1 : 1.5 的比例混合，放入桶中用电动搅拌器搅拌均匀，搅拌 3~5 分钟。

（2）第一层涂膜：将已搅拌好防水涂料用滚刷或橡胶（塑料）刮板均匀涂刮在已涂好底胶的基层表面上，厚度要均匀一致，平面基层涂刷每遍刮涂量以 0.8~1.0kg/m² 为宜，厚度不小于 0.6mm，立面涂刮高度不应小于 100mm。操作时，先墙面后地面，从内向外后退操作。

（3）第二层涂膜：第一层涂膜固化 5 小时后，手触不黏时，按第一遍材料施工方法，进行第二层涂膜防水施工。为使涂膜厚度均匀，刮涂方向必须与第一遍刮涂方向垂直，刮涂量比第一遍略少，厚度以 0.5mm 为宜。固化 5 小时后，进行第三层涂膜施工。

（4）第三层涂膜：按前述两遍的施工方法，进行第三遍刮涂。刮涂总厚度不小于 2mm，刮涂量以 0.4~0.5kg/m² 为宜。

（五）稀撒砂粒

有时为了保证保护层与防水层的有效结合，在第三遍涂膜快固化时，在其表面稀撒一些细砂。

（六）涂膜防水层的验收

根据防水涂膜施工工艺流程，对每道工序进行认真检查验收，做好记录，合格后方可进行下道工序施工。防水层完成并实干后，对涂膜质量进行全面验收，要求满涂，厚度均匀一致，封闭严密，厚度达到设计要求（做切片检查）。防水层无起鼓、开裂、翘边等缺陷。经检查验收合格后，方可进行蓄水试验。

（七）第一次蓄水试验

堵塞所有地面孔洞，将门洞口用砂子等围住。地漏、大便器管口堵塞时，注意以后取出方便，不许造成下水不畅或不通的现象。蓄水水面高出标准地面 20mm，24 小时无渗漏现象视为合格，做好记录，准备进行保护层施工。

（八）保护层施工

防水层蓄水试验不漏，质量检验合格后，即可进行保护层施工或粘铺地面砖、陶瓷锦砖等饰面层。施工时应注意成品保护，不得破坏防水层。

（九）第二次蓄水试验

厕浴间装饰工程全部完成后，工程竣工前还要进行第二次蓄水试验，以检验防水层完工是否被水电或其他装饰工程损坏。蓄水试验合格后，厕浴间的防水施工才算圆满完成。

四、厕浴间问题及验收

（一）厨房、卫生间防水常见质量通病及防治

厨房、卫生间防水施工过程中常见质量通病有：厨房、卫生间渗漏；楼地面裂缝、地面倒积水与泛水、穿管渗漏、楼地面与墙面交接部位疏松等，其防治方法可参考表 4-2。

表 4-2　　　　　　　　厨房、卫生间防水工程常见质量问题与防治方法

项次	项目	原因分析	防治方法
1	地面积水倒坡	表面层不平、坡度不顺、排水不通畅、地漏偏高等，地面有积水	(1) 距排水点最远距离处的地面坡度应控制在2%，且不大于30mm，坡向准确 (2) 严格控制地漏标高，且应低于地面表面5mm (3) 厨房、卫生间地面应比走廊及其他室内地面低20~30mm (4) 地漏处的汇水口应呈喇叭口形，集水汇水性好，确保排水（或液体）通畅，严禁地面有倒坡和积水现象
2	墙面（身）返潮和地面渗漏	(1) 墙面防水层设计高度偏低，地面与墙面转角处呈直角状 (2) 地漏、墙角、管道、门口等处结合不严密，造成渗漏 (3) 砌筑墙面的黏土砖含碱性和酸性物质 (4) 墙下未做混凝土翻边或翻边高度小于200mm	(1) 墙面上设有盥洗器具时，其防水高度一般为1500mm；淋浴处墙面防水高度应大于1800mm (2) 墙体根部与地面的转角处，其找平层应做成钝角，预留洞口、孔洞、埋设的预埋件位置必须准确、可靠，地漏、洞口、预埋件周边必须设有防渗漏的附加防水层 (3) 防水层施工时，应保持基层干净、干燥，确保涂膜防水层与基层粘结牢固 (4) 进场黏土砖应进行抽样检查，如发现有类似问题时，其墙面宜增加防潮措施 (5) 墙下应做混凝土翻边且高度不小于200mm，混凝土标号不低于C20
3	地漏周边渗漏	承口杯与基体及排水管接口结合不严密，防水处理过于简陋，密封不严	(1) 安装地漏时，应严格控制标高，宁可稍低于地面，也绝不可超高 (2) 要以地漏为中心，向四周辐射找好坡度，坡向准确，确保地面排水迅速、通畅 (3) 安装地漏时，先将承口杯牢固地粘结在承重结构上，再将浸涂好防水涂料的胎体增强材料铺贴于承口杯内，随后再仔细地涂刷一遍防水涂料，将插口压紧，最后在其四周满涂防水涂料1~2遍，待涂膜干燥后，把漏勺放入承口杯内 (4) 管口连接固定前，应先进行测量，复核地漏标高及位置正确后，方可对口连接、密封固定
4	立管四周渗漏	(1) 穿楼板的屯管和套管未设置止水环 (2) 立管或套管的周边采用普通水泥砂浆堵孔，套管与立管之间的环隙未填塞防水密封材料 (3) 套管和地面相平，导致立管四周渗漏	(1) 穿楼板的立管应按规定预埋套管，并在套管的埋深处设置止水环 (2) 套管、立管的周边应用微膨胀细石混凝土堵塞严密，套管和立管的环隙应用密封材料填塞严密 (3) 套管高度应比装饰地面高出20mm，套管周边应做同高度的细石混凝土防水护墩

（二）厕浴间防水质量检验与验收

（1）在厨房、卫生间防水质量检验与验收前，施工方应提供现场施工用防水涂料技术性能复试报告及其他材料、技术、质量等证明资料，并应符合有关技术标准。

（2）胎体增强材料铺贴方法、压接顺序、搭接宽度应符合施工工艺要求，搭接长度应在100mm以上；上、下两层铺贴应相互错开300mm，粘贴牢固，无滑移、翘边、起泡、皱折等缺陷。

（3）涂膜防水层必须达到规定的厚度（施工时可用材料用量控制，检查时可用针刺法），应做到表面平整，厚薄均匀。

（4）厨房、卫生间经蓄水试验不得有渗漏现象。

（5）地漏、管道根部等细部防水做法应符合设计要求，管道畅通、无杂物堵塞。

五、厕浴间成品保护及安全技术措施

（一）成品保护

（1）厕浴间虽小，但需多工种作业，立体交叉多，必须妥善安排各种施工顺序，严防在防水层完工后再凿眼打洞，破坏防水层。如果由于安排不当，破坏防水层，应及时进行修补。

（2）地漏、便桶及排水口等应保持畅通，不允许有灰浆及其他建筑垃圾堵塞。

（3）每次施工完毕，必须及时将施工机具认真清洗干净。

（二）安全技术措施

（1）聚氨酯甲料、乙料、固化剂和稀释剂等易燃、有毒，应储存在阴凉、远离火源的地方，并由专人负责保管和发放。

（2）仓储及施工现场应严禁烟火，并准备好灭火器材以防万一。

（3）自然光线较差的卫生间，应准备足够的照明。厨房、卫生间面积小、通风差，应增设通风设备。操作人员每隔1~2小时应到室外休息10~15分钟。

（4）涂膜操作中，现场操作人员应戴手套、口罩和防护镜，避免污染皮肤，防止溶剂溅入眼内。禁止使用二甲苯直接洗手。

（5）用热熔油膏施工时，操作人员应穿工作服，戴手套、口罩、防护镜等，防止皮肤被烫伤。

项目二　聚合物水泥防水涂料地面防水施工

聚合物水泥防水涂料是一种新型的绿色防水涂料，因其性能较好，是水性涂料，生产、应用符合环保要求，能在潮湿基面上施工，操作简单，所以用在厕浴间防水工程效果较好。

一、施工准备

（一）技术准备

（1）进行技术交底，掌握聚合物水泥防水涂料防水设计意图和构造要求。

（2）学习涂料防水施工方案，对工程的具体要求、工程的重点和难点做到心中有数。

（二）主要机具

施工所用的主要机具见表4-3。

表4-3 　　　　　　　　　　聚氨酯防水涂膜施工主要机具

名称	用途	名称	用途
电动搅拌器	搅拌甲、乙料	铁抹子	修补找平层
搅拌桶	搅拌盛料	小平铲	修理找平层
小油漆桶	装混合料	扫帚	清理找平层
塑料或橡胶板	涂布涂料	墩布	清理找平层
铁皮小刮板	在细部构造部位涂刮涂料	高压吹风机	清理找平层
称量器	称量配料	剪刀	裁剪胎体增强材料
长柄滚刷	涂刷底胶、涂料	铁锹	拌和水泥砂浆
油漆刷	在细部构造部位涂刷底胶、涂料	灭火器	消防用具

（三）施工条件

1. 对基层的要求

涂刷防水层的基层要求抹平、压光、压实平整、不起砂，含水率低于9%，阴阳角处应抹成圆弧角。

2. 施工气候及环境

涂刷防水涂料不得在霜、雪、雨、露天气和大风（5级以上）天气条件下施工，施工的环境温度要求为10~30℃，操作时严禁靠近火源。

二、施工工艺

（一）施工工艺流程

清理基层→涂刷底层防水层→细部构造附加层→涂刷中间防水层→涂刷表面防水层→第一次蓄水试验→饰面层施工→第二次蓄水试验→质量验收。

（二）操作要点

1. 基层处理和清理

基面要求必须平整、牢固、干净，无明水、无渗漏。凹凸不平及裂缝处须先找平，渗漏处须先进行堵漏处理，阴阳角要做成圆弧形，表面必须清扫干净。不得有浮尘、杂物和积水等。

2. 涂刷底层防水层

按配合比配料，用手提电动搅拌器搅拌均匀，使其不含有未分散的粉料；然后用滚刷或油漆刷均匀地涂刷于基层表面，不得漏底，一般用量为0.3~0.4kg/m²；待涂层干固后，方可进行下一道工序。

3. 细部构造附加层施工

对地漏、管根、阴阳角等易发生漏水的部位，应先密封或做加强处理，此时可在这些薄弱的部位铺设一层胎体增强材料，附加层宽度不应小于 300mm，搭接宽度应不小于 100mm。

施工时，应在细部构造部位先涂一层聚合物水泥防水涂料，再铺胎体增强材料（优质玻璃纤维网格布），最后再涂一层聚合物水泥防水涂料。

4. 涂刷中间及表面防水层

按防水涂料配合比配制拌和料，如需加水，先在液料中加水，用搅拌器边搅拌，边徐徐加入粉料，充分搅拌均匀，使其不含未分散粉料。将配制好的拌和料均匀地涂刷于已干固的底面防水层上。每遍涂刷用量以 $0.8 \sim 1.0 \mathrm{kg/m^2}$ 为宜，涂覆要均匀，需多遍涂刷使涂料与基层之间不留气泡，粘结严密。

5. 第一次蓄水试验

在最后一遍防水层干固 48 小时后进行蓄水试验，蓄水深度宜为 $50 \sim 100\mathrm{mm}$，24 小时后检查无渗漏为合格。

6. 饰面层施工

第一次蓄水试验合格后，即可做饰面层施工。

7. 第二次蓄水试验

在饰面层完工后应进行第二次蓄水试验，以确保厕浴间防水工程质量。

三、厨房卫生间防水施工质量标准与检验

（一）主控项目

（1）隔离层材质必须符合设计要求和国家产品标准的规定。检验方法：观察和检查材质合格证明文件及检测报告。

（2）楼层结构必须采用现浇混凝土或整块预制混凝土板，混凝土强度等级不应低于 C20；楼板四周除门洞外，应做混凝土翻边，其高度不应小于 120mm。施工时，结构层标高和预留孔洞位置应准确，严禁乱凿洞。检验方法：观察和钢尺检查。

（3）水泥类防水隔离层的防水性能和强度等级必须符合设计要求。检验方法：观察和检查检测报告。

（4）防水隔离层严禁渗漏，坡向应正确、排水通畅。检验方法：观察，蓄水、泼水检验或坡度尺检查，检查检测记录。

（二）一般项目

（1）隔离层与下一层结合牢固，不得有空鼓；防水涂料层应平整、均匀，无脱皮起壳、裂缝、鼓泡等缺陷。检验方法：用小锤轻击检查和观察。

（2）隔离层厚度应符合设计要求。检验方法：观察和用钢尺检查。

（3）隔离层表面的允许偏差应符合表 4-4 的规定。

表4-4 隔离层表面的允许偏差

项次	项　目	允许偏差	检验方法
1	表面平整度	3	用2m靠尺和楔形塞尺检查
2	标　高	±4	用水准仪检查
3	坡　度	不大于房间相应尺寸的2/1000，且不大于30	用坡度尺检查
4	厚　度	在个别地方不大于设计厚度的1/10	用钢尺检查

（4）应符合下列规定：

①隔离层的施工质量验收应按每个层次或每个施工段（变形缝）作为检验批，高层建筑的标准层可按每三层（不足三层按三层计）作为检验批。

②每检验批应以各子分部工程的基层按自然间（或标准间）检验，抽查数量应随机检验不应少于三间；不足三间，应全数检查。

③隔离层工程的施工质量检验的主控项目必须达到相关标准规定的质量标准，才能认定为合格；一般项目80%以上的检查点（处）应符合相关规范规定的质量要求，其他检查点（处）不得有明显影响使用，并不得大于允许偏差的50%为合格。

项目三　防水涂料与堵漏涂料复合施工

此种施工是柔性防水涂料与刚性防水材料复合使用在一起的防水施工工艺。柔性防水涂料选用聚合物水泥防水涂料，刚性防水材料选用堵漏涂料"水不漏"，它是吸收国内外先进技术开发的高效防潮、抗渗、堵漏材料，也是极好的粘结材料，该材料分速凝、缓凝型两种，均为单组分灰色粉料。

一、施工准备

（一）技术准备
做好两种不同防水材料施工技术交底，最好先做样板间。

（二）材料准备
聚合物水泥防水涂料和刚性防水材料"水不漏"应有产品合格证，进场材料要按规定抽样复验，不合格的材料不得使用。

（三）主要机具
1. 清理工具
铲子、锤子、钢丝刷、扫帚、抹布等。
2. 配料工具
水桶、台秤、称料桶、搅拌器。
3. 抹面涂刷工具
滚子、刷子、刮板、抹子、镏子。

二、施工工艺

（一）工艺流程

清理基层→细部构造附加层→"水不漏"刚性防水层→聚合物水泥涂料层→第一次蓄水试验→饰面层→第二次蓄水试验→质量验收。

（二）操作要点

1. 清理基层

基面应充分湿润至饱和，并要求牢固、干净、平整，不平处先用水泥砂浆或用"水不漏"补平。

2. 刚性防水层施工

细部构造附加层干固后，将缓凝型"水不漏"按粉料：水＝1：（0.3～0.35）配料（质量比）慢慢加入水中，并搅拌至均匀细腻。然后用抹子或刮板分两次在基层上涂抹"水不漏"浆料，总厚度为1.5mm，材料用量为2～3kg/m²（指粉料）。要求表面抹压平整，阴阳角处抹成圆弧形，具体操作步骤如下：

（1）先用抹子或刮板上第一遍料，每层材料参考用量为1～1.5kg/m²（指粉料）。待涂层硬化后（手压不留纹即可）将其喷湿，但不能有积水。

（2）再用抹子或刮板上第二遍料，上料时要稍用力，并来回几次刮涂，使其密实，同时注意搭接。

（3）保湿养护。待涂层硬化后，马上进行保湿养护以防粉化，养护时间2～3天。养护方式可用喷水、盖湿物或涂养护液。在特别潮湿处，或在涂层上做保护层或粘结块，可免养护。

3. 柔性防水层施工

刚性防水层到达规定的强度后，在其上涂刷聚合物水泥防水涂料，该涂料层分为底层、中层及面层。

三、质量验收

（1）厕浴间经蓄水试验不得有渗漏现象。

（2）各种涂膜防水材料进场复验后，应符合有关技术标准。

四、成品保护

（1）厕浴间虽小，但需多工种作业，立体交叉多，必须妥善安排各工种的施工顺序，严防在防水层完工后再凿眼打洞，破坏防水层。如果由于安排不当，破坏了防水层，应及时进行修补。

（2）地漏、坐便器及排水口等应保持畅通，施工过程中应采取措施加以保护，防止被灰浆及其他建筑垃圾堵塞。

（3）每次涂刷前应清理周围环境，防止尘土污染。涂料未干前，不得清理周围环境。

（4）涂膜防水层未干前，无关人员不得进入施工现场。在第一次蓄水试验合格后，应及时进行饰面层施工，以免损坏防水层。

（5）施工人员不得穿带钉子的鞋作业。涂膜防水层施工完毕，要及时清理现场遗留的钉子、木棒、砂浆等杂物。在涂膜干燥前，应派人看管，不允许上人踏踩，也不准靠墙立放铁锹等工具。

（6）施工时，不允许涂膜材料污染墙面、卫生洁具及门窗等，如有污染，应及时清除。

☞**思考题**

1. 厨房卫生间防水施工中常用的材料有哪些？

2. 简述厨房卫生间防水工程施工的工艺流程。

3. 厨房卫生间防水施工与屋面防水施工在基本要求上有哪些相同点和不同点？

4. 简述厨房、卫生间地面的构造做法。

5. 为了防止厨房、卫生间地面漏水，需解决哪些问题？

6. 对有穿楼板立管的地面，防水处应如何处理？

7. 厨房、卫生间地面防止验收时有哪些基本规定？

8. 卫生间蓄水试验的蓄水高度为多少？

☞**实训任务**

水泥基渗透结晶防水涂料施工

1. 材料

水泥基渗透结晶防水粉料、水。

2. 工具

3~4 寸油漆刷、灰桶、木抹子、铁锹、水桶、钢丝刷、油漆铲刀等。

3. 操作内容

（1）操作项目：水泥基渗透结晶防水涂料两道。考核可与施工生产相结合，在适合的施工部位进行。

（2）数量：1m²。

（3）操作工位如图 4-12 所示。

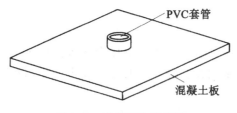

图 4-12　操作工位示意图

4. 操作内容及要求

（1）施工前，应对基面进行质量验收。混凝土基面应干净、坚实、毛糙，对于附着在基面表面的油渍、漆料、落灰等杂物都应清除干净。

（2）材料的调配。

①水泥基渗透结晶防水材料调配比例为：25kg 粉料（袋装）中加入 9kg 水。

②防水材料调配方法是将粉料慢慢地倒入水中，同时不停地搅拌至浆膏状，搅拌好的材料中不得有干粉料球。

（3）防水材料调配好后可直接涂刷在湿润的混凝土基面上，第一层遍涂厚度控制在0.7mm 左右，再检查有无气孔、空鼓等，待约 2 小时触干后涂刷第二层，两次涂刷总厚度约 1.2mm，涂刷方向与第一层垂直；待第二遍防水涂膜触干固化后形成一层整体无缝并与基层牢固粘结的防水涂膜。材料用量为 0.8～1.2kg/m^2，特殊部位用量为1.5kg/mm^2，涂刷应分两遍完成，涂层厚度应大于 0.8mm。

5. 考核内容及评分标准

操作评定见表 4-5。

表 4-5　　　　　　　　　水泥基渗透结晶防水涂料的操作评定表

序号	测定项目	分项内容	满分	评定标准	检测点 1	2	3	4	5	得分
1	基层清理	过程和操作质量	10	表面无尘土、沙粒或潮湿处，一处不合格扣 2 分						
2	材料调配	过程和操作质量	20	用量准确、稠度适宜，一处不合格扣 4 分						
3	涂刷第一遍	过程和操作质量	20	涂层无气孔、气泡等，平整、均匀、厚薄适宜，一处不符合要求扣 5 分						
4	涂刷第二遍	过程和操作质量	20	涂层无气孔、气泡等，平整、均匀、厚薄适宜，一处不符合要求扣 5 分						
5	综合操作能力表现及渗漏结果	符合操作规范	20	失误无分						
6	安全文明施工	安全生产、场地清洁	4	若发生重大事故，本次实习不合格，一般事故扣 4 分，有事故苗头扣 2 分；未做场地清洁无分						
7	工效	定额时间	6	开始时间：　　结束时间：　用时：　　　酌情扣分：						

总得分

参 考 文 献

1. 屋面工程质量验收规范（GB50207—2012）.

2. 屋面工程技术规范（GB50345—2012）.

3. 建筑施工手册（第四版）.

4. 建筑工程施工质量验收统一标准（GB50300—2001）.

5. 地下防水工程质量验收规范（GB50208—2002）.

6. 建筑地面工程施工质量验收规范（GB50209—2002）.

7. 姚谨英. 建筑施工技术. 第二版. 北京：中国建筑工业出版社，2003.

8. 叶刚. 防水工. 北京：金盾出版社，2009.

9. 建设部人事教育组. 防水工. 北京：中国建筑工业出版社，2005.

10. 张学. 建筑功能性工程施工. 北京：北京理工大学出版社，2011.

11. 李晓芳. 建筑防水工程施工. 北京：中国建筑工业出版社，2011.

12. 魏平. 防水工程. 北京：科学出版社，2010.

13. 田冬梅，曾维军. 进城务工实用知识与技能丛书：防水工. 重庆：重庆大学出版社，2007.

14. 张忠，刘峰. 防水工程施工. 武汉：武汉理工大学出版社，2012.